DÉCHETS, EFFLUENTS ET POLLUTION

DÉCHETS, EFFLUENTS ET POLLUTION

Impacts sur l'environnement et la santé

3e édition

Christian NGO
Alain RÉGENT

DUNOD

ISBN 978-2-10-057409-4

Table des matières

Préface de la première édition

La croissance démographique qu'a connue notre planète Terre au siècle dernier a été d'une ampleur sans précédent. Sa population est passée, en cent ans, de quelque 1,7 milliard à 6 milliards. Cette très forte augmentation du nombre des hommes utilisateurs des ressources communes, combinée à des changements spectaculaires des modes et des volumes, de production et de consommation, a conduit à ce que nous ressentions, à juste titre, de plus en plus fortement l'impact de l'activité humaine sur notre environnement naturel, notamment en raison de la concentration des déchets qu'elle induit.

De tout temps, toute activité a produit des déchets, ces matières, ou objets, qui n'ont plus d'usage ou de valeur pour ceux qui les possèdent et dont ils cherchent, autant que possible, à se débarrasser. Ce sont les sous-produits non désirés des chaînes de production industrielles ou agricoles, ou bien les produits de la dégradation inéluctable des organismes biologiques ou des équipements. Bien souvent, ils sont pour « leurs propriétaires » une charge, parfois lourde, en raison de l'espace qu'ils occupent, du désagrément qu'ils engendrent, de la dangerosité éventuelle qu'ils présentent ou des risques qu'ils font courir à ceux qui les approchent.

Aussi longtemps que l'Homme a bénéficié d'espace pour déposer ses déchets solides assez loin de ses lieux de vie ou de passage, et ainsi ne plus les voir et en ressentir les effets sur sa santé ou son confort, aussi longtemps qu'il a pu mélanger ses déchets, liquides, hydrosolubles ou gazeux, à l'air ou à l'eau des fleuves et des mers, et ainsi assurer leur dilution naturelle et les croire disparus, il ne leur a pas porté l'intérêt qu'ils méritaient. Cette attitude était confortée par le fait qu'il ne disposait que rarement des connaissances scientifiques qui lui auraient permis de prendre la mesure des effets, à moyen ou long terme, sur son cadre de vie et sur sa santé, de la dispersion ou de l'entreposage non maîtrisé de ces déchets. Bien souvent aussi, il ne disposait pas des techniques pour réaliser ce que nous appelons aujourd'hui le « traitement » des déchets en vue de leur confinement ou de leur valorisation, notamment par recyclage, réduisant ainsi, parfois dans des proportions considérables, leur volume et leur nocivité potentielle. Les efforts importants de recherche et développement entrepris en France comme dans le reste du monde au cours de ces dernières décennies ont puissamment contribué aux progrès de la prise de conscience des enjeux, des risques, et des changements comportementaux souhaitables aussi bien par le grand public que par les chefs d'entreprises, leurs ingénieurs, les chercheurs, les responsables politiques. Il faut saluer ici le travail scientifique remarquable accompli par de nombreux chercheurs membres des organismes de recherche nationaux ou internationaux ou d'université et de grandes écoles. En tant que Haut-commissaire à l'énergie atomique, je ne peux qu'encourager la poursuite et l'amplification de ces programmes de recherche. Il y va de l'intérêt du pays et de chacun d'entre nous.

Aujourd'hui, cette question des déchets, au moins dans nos sociétés occidentales, est devenue un objet de préoccupation d'un nombre croissant de nos concitoyens, des entreprises et des hommes politiques, plus conscients des attentes de la population vis-à-vis de la préservation de l'environnement.

Ce nombre est certes encore beaucoup trop faible, et cette prise de conscience n'est pas encore suffisamment inductrice de comportements individuels ou collectifs nouveaux, plus responsables face aux difficultés rencontrées et aux risques d'affectation majeure du fonctionnement de notre planète. De grands progrès ont cependant été accomplis quand on considère de manière rétrospective l'état où nous nous trouvions il y a trente ans ou même seulement dix. Songeons à la signature du protocole de Kyoto en 1992 par de nombreux pays, conduisant par exemple l'Europe à réduire de 8 % à l'horizon 2010, par rapport à 1990, ses rejets carbonés dans l'atmosphère ; songeons aux lois sur l'air ou l'eau, aux actions d'incitation à l'économie d'énergie, aux techniques de tri des déchets ménagers, à l'utilisation d'emballages biodégradables, à la réglementation sur les décharges, aux développements et à l'entretien des parcs naturels, à la politique de développement durable débattue à Johannesbourg en juillet 2002...

Le phénomène réellement nouveau de la fin du XXe siècle est la découverte, par de nombreux pays, que le volume et le rythme de production des déchets mettaient en péril les grands équilibres naturels, si nous n'y prenions garde, et ce de manière urgente. Nous savons désormais que les émissions de gaz à effet de serre par la combustion du charbon et des hydrocarbures pétroliers ou gaziers ont entraîné, par exemple, des taux de dioxyde de carbone dans l'atmosphère encore jamais atteints depuis plus de 400 000 ans, laissant présager des bouleversements climatiques ou de graves perturbations météorologiques dans les décennies à venir, que les émissions des dérivés chlorés des alcanes ont réduit la couche d'ozone au-dessus des pôles terrestres dans des proportions qui exposent notre planète à un flux de rayonnement ultraviolet pouvant faire courir des risques sanitaires à la population, que l'accumulation de combustibles usés et de déchets nucléaires d'origine civile ou militaire a imposé en France une réflexion collective de quelque quinze années, inscrite dans la loi (loi du 31 décembre 1991), pour définir une gestion conforme aux exigences du développement durable, que les déchets industriels d'origine chimique ou agroalimentaire appellent une vigilance comparable... Tous ces faits montrent qu'un long chemin reste encore à parcourir.

La tenue de conférences internationales en vue de fixer des règles admises par tous, les législations adoptées en France et dans d'autres pays sont la marque de ces progrès dans la prise de conscience et dans l'action. Sont-ils à la hauteur des enjeux ? Sont-ils adaptés pour répondre à l'urgence des décisions à prendre et des actions à mener ?

Au-delà des décisions politiques, c'est en fait chacun d'entre nous qui doit réviser ses comportements, adopter de nouvelles manières de consommer, accepter les surcoûts de production pour couvrir les dépenses de traitement des déchets ou les conceptions industrielles facilitant le recyclage des matières premières...

C'est tout l'intérêt du livre que nous proposent Christian Ngô et Alain Régent de nous informer sur ces questions. Solidement documenté, accessible au plus grand nombre tout en contenant des descriptions techniques qui permettent de réellement comprendre les enjeux scientifiques, techniques, industriels, économiques et sociaux, cet ouvrage vient en temps et en heure pour que chacun puisse se forger une opinion sur ce qu'il est souhaitable d'entreprendre à son propre niveau, à celui de la collectivité locale à laquelle il appartient, comme à celui de notre pays ou de notre planète.

C'est donc un plaisir pour moi que de saluer ce travail remarquable et de lui souhaiter les retombées les plus larges au bénéfice de nous-mêmes, des générations qui nous suivrons, comme de celui de notre planète tout entière.

Bernard Bigot
Haut-commissaire à l'énergie atomique
Paris le 8 septembre 2003

Avant-propos

De tout temps, la génération de déchets et d'effluents a été intrinsèque à l'activité humaine. Ceux-ci ont toujours été sources de problèmes ou de risques, variables selon les civilisations. Leur impact s'avère d'autant plus grand que la densité de population est importante, ce qui est le cas des villes et des grandes métropoles. La population de la ville de Rome au temps d'Auguste était déjà de l'ordre du million d'habitants et l'on peut imaginer que, dès cette époque, des pratiques de gestion se sont mises en place. Longtemps les déchets ont été majoritairement de nature organique, proches d'un mode de vie rural : déjections animales ou humaines, restes d'animaux abattus, résidus agricoles. Ils pouvaient causer de terribles épidémies et les autorités ont dû mettre en place, au fil des siècles, des dispositifs et des réglementations permettant d'en atténuer les inconvénients. Initialement ils étaient abandonnés dans des décharges proches du lieu de production, rejetés à la rivière, ou émis dans l'atmosphère des villes et des lieux d'habitation. Les sociétés essayent progressivement de mieux prendre en compte les volumes croissants, les risques sanitaires, leur nature plus technique, et plus généralement toutes les gênes qu'occasionnent les déchets et les effluents. Collecter dans des poubelles, épurer les rejets, trier, valoriser ce qui peut l'être, traiter avant le retour dans les cycles naturels, minimiser l'impact sur l'environnement et la santé de ce qui est dispersé et de ce qui reste, sont quelques-uns des gestes qui deviennent naturels, ou du moins réglementaires, dans nos sociétés modernes. Ces mêmes sociétés ont aussi leurs limites économiques, financières et techniques sur ce qu'elles peuvent ou savent faire.

Un déchet solide, surtout s'il est issu d'un produit technologique, est un objet bien localisé. Abandonné sur place ou transporté dans d'autres lieux, il peut rester ainsi comme une vieille carcasse, ou, au contraire, il peut se détériorer et occasionner des nuisances qui vont se propager dans l'environnement. Ce peut être le cas de déchets dangereux qui seraient laissés dans des décharges inadaptées, dont certains éléments toxiques seraient lessivés par les eaux de pluie et diffuseraient dans le sol en contaminant la nappe phréatique. Les effluents sont davantage issus des procédés mis en œuvre. Une centrale à charbon en fonctionnement émet des gaz à effet de serre, des gaz qui donneront des pluies acides, des poussières, de la radioactivité. Dans les deux cas, une mauvaise gestion des effluents et déchets conduit à une pollution de l'environnement. La pollution est un phénomène insidieux et souvent plus difficile à maîtriser. Parfois la dilution sera suffisante pour qu'il n'y ait pas d'impact sur l'environnement et la santé, parfois les cycles naturels d'épuration par l'eau, le soleil ou le vent seront faussés, saturés, et incapables de la neutraliser.

Les déchets, les effluents et la pollution sont un immense sujet dont on ne peut bien sûr pas traiter tous les aspects dans un si petit ouvrage. Nous avons voulu donner quelques notions sur ce sujet, pluridisciplinaire par nature, en essayant de montrer que, dans ce domaine, les solutions étaient toujours une affaire de compromis. L'idée de zéro déchet ou zéro effluent que l'on entend parfois n'est pas réaliste. Il reste toujours un déchet ou une contamination ultime, ne serait-ce que parce que ni l'homme, ni la nature ne sont des systèmes statiques ou parfaitement cycliques. Par contre, pour maintenir l'existence d'une société et d'un environnement bienveillants, il est nécessaire de minimiser ces déchets ultimes et les rendre aussi inoffensifs que possible. Les progrès sont constants dans ce domaine, et les nouvelles questions aussi, comme celles de l'impact du CO_2 sur l'effet de serre, ou celles des OGM (organismes génétiquement modifiés) censés limiter l'utilisation de pesticides. Des solutions meilleures seront peut-être trouvées demain, mais cela ne nous dispense pas de comprendre pour agir dès aujourd'hui.

Le problème des déchets, des effluents et de la pollution est complexe (chapitre 1). La civilisation actuelle a connu un développement extraordinaire depuis la révolution industrielle grâce à une utilisation massive de l'énergie, en particulier des combustibles fossiles. Cette utilisation n'est pas sans conséquences sur l'environnement (chapitre 2). En particulier, le public a de multiples interrogations sur la situation des déchets radioactifs (chapitre 3). Certaines pollutions peuvent s'étendre très vite à l'ensemble de la planète. C'est le cas de l'accroissement de l'effet de serre dû aux activités humaines, et notamment à l'usage de l'énergie. La lutte contre le changement climatique ne pourra se faire sans prendre des dispositions contraignantes à l'échelle mondiale (chapitre 4). Les transports, essentiels dans nos civilisations, sont dominés par l'utilisation du pétrole, et leur impact sur l'environnement a de multiples composantes, notamment en ville (chapitre 5). L'air, l'eau et les sols sont sollicités par les activités industrielles, agricoles, résidentielles et tertiaires. Chacun de ces domaines forme un ensemble complexe, aux multiples facettes, aux risques parfois insidieux et aux impacts sur la santé de mieux en mieux identifiés (chapitres 6 et 7). Les pratiques perçues favorablement dans le principe (tri, recyclage, économie d'énergie...) peuvent aussi conduire à des catastrophes inattendues. C'est ce que montre un usage des farines animales qui fut à l'origine de l'épidémie de la vache folle (chapitre 8). La question de la durabilité du développement de nos sociétés est présente en tous ces domaines (conclusion).

Nous voudrions insister sur le fait que les chiffres mentionnés dans cet ouvrage sont davantage des ordres de grandeur, tant la connaissance des conditions de formation, d'émission ou de devenir des polluants est encore fragmentaire.

C'est un plaisir pour nous de remercier nos nombreux collègues et amis qui ont contribué, dans chacun de leur domaine, à nous initier à ce vaste mais passionnant sujet. C'est aussi pour nous l'occasion de rendre un hommage particulier à René Pellat, Haut-commissaire à l'énergie atomique, décédé accidentellement au début du mois d'août 2003, pour le soutien sans faille qu'il nous a accordé lors de la première édition de ce livre (2004) et pour sa contribution importante, tout au cours de sa vie, à l'avancement des sciences et des technologies.

Nous tenons vivement à remercier Bernard Bigot, Haut-commissaire à l'énergie atomique et maintenant Administrateur général du CEA d'avoir eu la gentillesse de bien vouloir préfacer cet ouvrage.

*

* *

Trois années se sont écoulées depuis la précédente édition. Les évolutions constatées alors se confirment. Pratiquement plus personne ne conteste le rôle des émissions anthropiques de dioxyde de carbone dans le réchauffement de la planète et l'augmentation de l'effet de serre. L'impact sur la santé de certaines pollutions est de mieux en mieux attesté et quantifié, notamment celui de la pollution atmosphérique en ville, même si les marges d'incertitude restent encore élevées. Des avancées scientifiques et réglementaires importantes ont été obtenues pour la gestion des déchets radioactifs. Les pratiques de gestion des déchets ménagers ont évoluées avec la généralisation du tri domestique.

En France, en 2007, le Grenelle de l'environnement qui a réuni le gouvernement et de nombreuses associations a été l'occasion de débattre largement des questions d'environnement. L'évolution législative et réglementaire associée est en cours.

Les données de cette nouvelle édition ont été actualisées pour tenir compte des évolutions les plus récentes.

Christian Ngô
Alain Régent
Paris, Septembre 2011

Chapitre I
Introduction

Dans les pays développés, nous vivons de plus en plus longtemps, notre alimentation n'a jamais été aussi diversifiée, sûre et de qualité, notre santé est de plus en plus surveillée. L'espérance de vie d'un Français est passée de moins de 30 ans à la fin du XVIIIe siècle, à près de 80 ans au début du XXIe. Une petite fille née au début de ce siècle a ainsi de fortes chances de devenir centenaire. Rappelons que l'espérance de vie n'était que d'une cinquantaine d'années au début du XXe siècle. Beaucoup de gens ont néanmoins l'impression que notre monde est de plus en plus dangereux, envahi et pollué par les déchets et les rejets d'effluents. Nous voulons une sécurité absolue dans tous les domaines alors que le risque zéro n'existe pas, et que de nouveaux risques peuvent apparaître lorsque nous voulons réduire l'un d'entre eux.

Toute activité humaine génère des déchets et des effluents en quantité et nature très variables. Un déchet est une substance qui n'est pas utilisable ou valorisable par celui qui l'a produit. Néanmoins elle peut être une matière première pour un autre. La notion de déchet n'est donc pas très précise ; elle dépend des technologies du moment et de la structure de l'économie. L'objectif est de réduire les quantités d'effluents et de déchets produites par les activités humaines et de rendre ceux-ci aussi inoffensifs que possible. Cela passe en général par la collecte, le traitement, la valorisation, le confinement afin de n'avoir que des déchets ultimes identifiés qui devront à leur tour être gérés dans les meilleures conditions.

La notion de déchets dépend du référentiel dans lequel on se place. Pour son détenteur, c'est quelque chose dont il n'a plus usage et qui lui est inutile, le législateur le définit dans le cadre d'une réglementation, l'économiste par sa valeur nulle ou négative. En France, la définition réglementaire a été revue suite au Grenelle de l'environnement. Alors que dans la loi de 1975 l'abandon était au centre de la définition, dans le code de l'environnement de 2010 le déchet est un objet dont le détenteur veut se défaire[1]. La définition y est associée à celles de prévention, réemploi, gestion des déchets, collecte, traitement, réutilisation, recyclage, valorisation, élimination. Et l'abandon devient un acte contraire à la réglementation. La réglementation européenne, fixée dans la directive 2008/98/CE, précise ce que sont les déchets dangereux à partir d'une liste de propriétés dangereuses. Elle distingue aussi les biodéchets, correspondants aux déchets biodégradables de jardin ou de parc, et les déchets alimentaires ou de cuisine [1]. Les déchets radioactifs font l'objet d'une réglementation spécifique.

La pollution est une modification défavorable du milieu naturel. Elle peut être liée à un évènement naturel tel une inondation ou une éruption volcanique. Le présent livre traite des pollutions causées par une mauvaise gestion des déchets ou par les effluents des activités humaines. Une pollution peut affecter directement l'homme dans sa santé ou son environnement proche. Elle peut aussi l'affecter indirectement à travers la chaîne alimentaire ou l'environnement plus lointain. Polluer c'est salir, souiller, dégrader l'environnement… La pollution existe depuis que l'homme est apparu sur la terre mais s'est amplifiée avec la révolution industrielle. La production d'énergie, la chimie, les transports, qui se sont fortement développés pour satisfaire les besoins croissants de la population, sont devenus tout à la fois des sources de progrès et des sources importantes d'impacts sur l'environnement. Ils sont alors d'autant plus importants que la densité de population est grande.

La pollution n'est pas un phénomène moderne. Elle est connue depuis des millénaires. Les villes ont été pendant très longtemps souillées par les ruisseaux d'écoulement des eaux usées et les ordures ménagères. Les eaux superficielles, voire les nappes phréatiques, pouvaient alors être contaminées. Ce problème, encore d'actualité dans certains pays en voie de développement, est souvent la source d'épidémies graves telles qu'hépatites virales ou choléra.

1. Au sens de la loi du 15 juillet 1975, un déchet désignait « tout résidu d'un processus de production, de transformation ou d'utilisation, toute substance, matériau, produit ou plus généralement tout bien meuble abandonné ou que son détenteur destine à l'abandon ». Au sens du code de l'environnement de 2010 (art L541-1-1), le terme déchet désigne « toute substance ou tout objet, ou plus généralement tout bien meuble, dont le détenteur se défait ou dont il a l'intention ou l'obligation de se défaire ».

Gestion des déchets, rejets d'effluents et pollutions sont donc intimement liés. Un déchet peut être valorisé par recyclage, confiné dans un stockage, ou laissé comme effluent pour dilution dans les rivières ou sous l'action de l'atmosphère. Dans les deux premiers cas l'objectif est d'éliminer ou maîtriser son impact sur l'environnement et la santé. La dilution dans l'environnement peut aussi répondre à une logique de maîtrise si les concentrations sont suffisamment faibles et les cycles naturels en état de les prendre en charge. Dans le cas contraire, cela conduit à une pollution avec ses effets négatifs et ses impacts sur l'air, l'eau ou le sol.

Toute activité se caractérise par des flux entrants nécessaires à sa réalisation, et des flux sortants. Les flux entrants sont les matières premières, l'énergie et les éléments de l'environnement (eau, air, sol) mis à contribution. Les flux sortants sont constitués des produits ou services résultant de l'activité considérée, mais ils comportent aussi les flux indésirables : rejets d'effluents, déchets et pollution de l'environnement car l'eau, l'air et les sols peuvent être contaminés. Ces pollutions peuvent être de nature très variées selon l'activité : effluents contenant des produits chimiques, nuisance sonore, dissipation de chaleur dans l'environnement…

L'approche fonctionnelle indiquée ci-dessus permet de cerner l'impact d'une activité sur le milieu extérieur. Toutefois, pour évaluer l'impact sur l'environnement de la fabrication d'un objet ou de la fourniture d'un service, il faut aller au-delà et considérer une approche globale sous peine d'arriver à de fausses conclusions. Par exemple, si l'on restreint la discussion au fonctionnement d'une pile à combustible alimentée par de l'hydrogène, on peut dire que celle-ci ne rejette que de l'eau ; c'est donc un système très propre. Par contre, la manière dont on produit l'hydrogène peut conduire à des pollutions plus ou moins grandes qu'il faut inclure avant de comparer ce système à d'autres comme le moteur à explosion.

La figure 1.1 schématise les principaux flux aux différentes étapes de la vie d'un produit manufacturé : de la naissance (sa fabrication) à sa mort (son recyclage ou son retour à la nature). Les matières premières nécessaires à sa fabrication peuvent elles-mêmes être des produits manufacturés – tel est par exemple le cas du processeur d'un ordinateur. La distribution inclut le fonctionnement du point de vente et le transport jusqu'au professionnel ou particulier qui en a usage. Cet usage et la gestion de la fin de vie ne sont pas non plus exempts d'impacts, liés par exemple à la consommation d'essence ou d'électricité, à des rejets polluants, à des phases de transport…

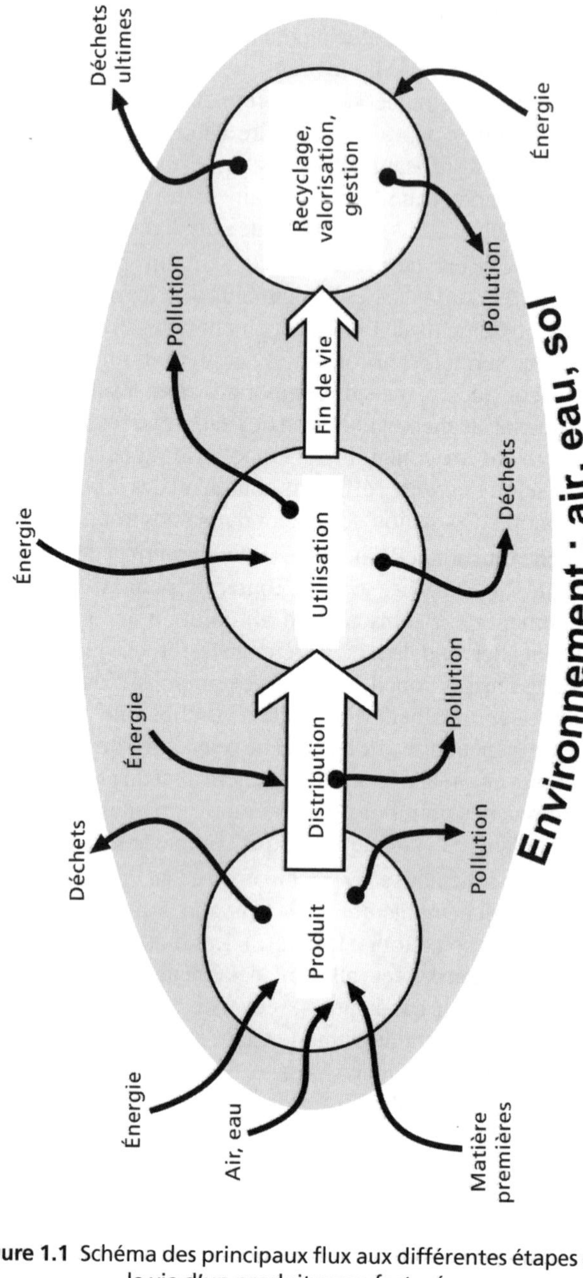

Figure 1.1 Schéma des principaux flux aux différentes étapes de la vie d'un produit manufacturé.

INTRODUCTION

De nombreux objets contiennent des matières toxiques, corrosives, explosives, etc. qui sont dangereuses pour l'homme et l'environnement. La majorité de ces produits a une origine technologique et industrielle. Le milieu industriel, mais aussi le consommateur final, peuvent jouer le rôle de disséminateur et de pollueur en ne gérant pas correctement la fabrication, l'usage et le devenir final de tels produits.

Longtemps, des déchets dangereux ont été délaissés sur place, mis dans des décharges mal conçues ici ou ailleurs, ou déversés dans les océans. Des sites industriels abandonnés fortement pollués sont découverts chaque année. Le prix du déchet et de la pollution n'ayant souvent jamais été inclus dans l'évaluation des coûts, la société se retrouve parfois face à des factures élevées que personne ne veut ou ne peut payer.

Notre propos est de donner, dans cet ouvrage, quelques notions élémentaires sur les déchets, les effluents et la pollution. Ce vaste sujet complexe et pluridisciplinaire sera abordé à travers quelques exemples concrets pour tenter d'en dessiner un tableau par touches successives. Quant aux risques liés aux déchets et à la pollution, leur appréciation n'est pas toujours celle du sens commun.

Chapitre 2
L'énergie

Les civilisations humaines se sont considérablement développées depuis la révolution industrielle en utilisant massivement de l'énergie tirée, pour sa plus grande part, des combustibles fossiles (charbon, pétrole et gaz). Ces derniers représentent environ 80 % de la consommation primaire commerciale et non commerciale d'énergie mondiale. Jusqu'à présent, on ne sait malheureusement pas accroître massivement la richesse économique d'un pays sans augmenter sa consommation d'énergie. Les pays en voie de développement ont besoin, pour augmenter leur niveau de vie, de quantités d'énergie de plus en plus importantes. Les pays développés, grâce aux progrès de la science et de la technologie, abordent un tournant où l'on peut faire plus de choses avec la même quantité d'énergie. Néanmoins, cette évolution est encore très timide et peut à tout moment être remise en question avec la naissance de nouveaux besoins.

Les figures 2.1, 2.2 et 2.3 montrent respectivement, depuis 1965, les évolutions de la population mondiale, de la consommation d'énergie primaire mondiale et de la consommation d'énergie primaire par habitant. La croissance continue de ces trois quantités illustre l'augmentation de la demande en énergie liée aux accroissements de la population et du niveau de vie moyen des habitants de la planète.

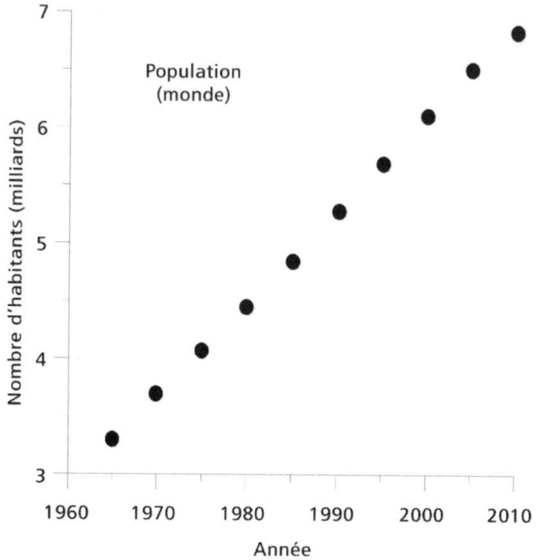

Figure 2.1 Évolution de la population mondiale entre 1965 et 2010. Source BP.

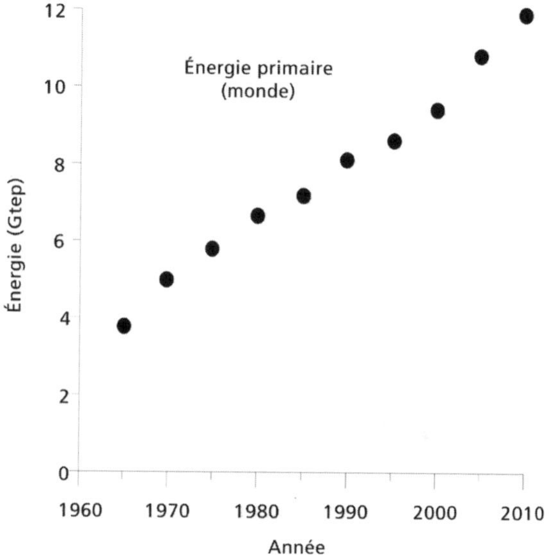

Figure 2.2 Évolution de la consommation d'énergie primaire entre 1965 et 2010. Source BP.

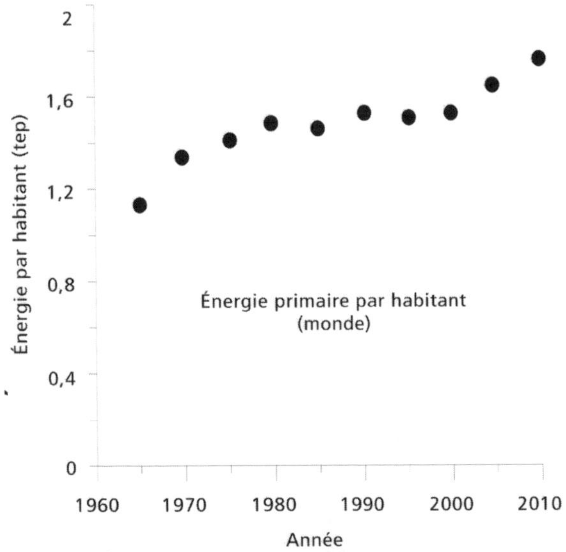

Figure 2.3 Évolution de la consommation d'énergie primaire par habitant entre 1965 et 2010. Source BP.

La consommation mondiale d'énergie primaire[2] est passée d'environ 1 Gtep[3] au début du XXe siècle à plus de 12 Gtep au début du XXIe siècle [2]. Cette utilisation massive d'énergie a eu un impact important sur le niveau de vie. En effet, tous les biens de consommation que nous possédons, nos déplacements et l'ensemble de nos activités nécessitent de l'énergie. Tout ceci n'existe que parce que nous disposons de sources abondantes et peu chères. Pour se limiter à la France, cela s'est traduit par une augmentation spectaculaire de l'espérance de vie. Alors qu'elle était, en France, de l'ordre d'une cinquantaine d'années en 1900, elle atteint maintenant 78 ans pour les hommes et 85 ans pour les femmes [3]. Pour remonter plus loin dans le passé, elle était de moins de 30 ans à la fin du XVIIIe siècle.

Depuis que l'homme a maîtrisé le feu, il y a plusieurs centaines de milliers d'années, il a utilisé les énergies renouvelables : biomasse, eau, soleil, vent… Ce n'est que depuis moins de 200 ans qu'il a exploité de manière massive les combustibles fossiles, d'abord le charbon, puis, plus tard, le pétrole et le gaz. Enfin, depuis une cinquantaine d'années seule-

2. L'énergie primaire est l'énergie avant conversion en énergie utilisable par le consommateur.

ment, il exploite l'énergie nucléaire. Les énergies renouvelables, que l'homme a de tout temps utilisées, ne représentent plus qu'une faible part de sa consommation énergétique qui est dominée par les combustibles fossiles. La possibilité d'utiliser des quantités considérables d'énergie par les pays développés leur a permis d'augmenter rapidement leur richesse. Un Français a ainsi, en moyenne, multiplié ses richesses par un facteur cinq en soixante ans (1950-2010) [4] alors qu'il avait fallu plus de 400 ans pour que nos ancêtres multiplient la leur par 2,3 (entre 1400 et 1820) [5].

L'utilisation massive d'énergie a un impact notable sur l'environnement. Il peut y avoir des effets sur le milieu physique de notre planète, sur le vivant (toxicité), enfin, le milieu écologique peut être perturbé. Nous allons, dans ce chapitre, nous limiter à certains types d'impacts. D'autres (effet de serre, déchets nucléaires...) seront abordés dans des chapitres spécifiques compte tenu de leur importance.

Les combustibles fossiles

La consommation énergétique mondiale est dominée par les combustibles fossiles : ils représentent environ 80 % de l'énergie primaire commerciale consommée. La nature a mis des millions d'années pour les synthétiser grâce à l'énergie solaire qui a été stockée par la biomasse (végétation ou plancton). Par décomposition dans des conditions particulières, celle-ci s'est très lentement transformée en charbon, en pétrole ou en gaz. Nous allons donc consommer en quelques siècles ce que la nature a mis des centaines de millions d'années à fabriquer. Nous allons aussi rejeter, dans le même temps, tout le CO_2 que la matière vivante avait absorbé lors de sa croissance avant de se transformer en combustibles fossiles.

Le charbon

Le charbon est la ressource fossile la plus abondante. Au rythme de la consommation actuelle les réserves se chiffrent à quelques centaines d'années. La plus grande partie se trouve dans l'ex-URSS et aux États-Unis. Le charbon est malheureusement la source d'énergie la plus polluante et cela d'autant plus que le charbon est jeune. On distingue en effet la houille, très riche en carbone, qui s'est formée pendant le carbonifère à la fin du primaire (entre –345 et –280 millions d'années), le lignite qui s'est formé au tertiaire et la tourbe au quaternaire. L'utilisation du lignite, très abondant en Allemagne par exemple, est particulièrement polluante.

Le charbon peut être extrait de mines à ciel ouvert (environ le tiers de la production mondiale) ou à partir de mines souterraines (les 2/3 restants). Le charbon piège toujours du méthane si bien que son exploitation libère ce gaz dont l'impact climatique vis-à-vis de l'accroissement de l'effet de serre est 23 fois plus important que celui du gaz carbonique. On libère en moyenne de l'ordre de 13 kg de CH_4 par tonne de charbon extrait [6].

Les mines à ciel ouvert sont plus faciles à exploiter et plus rentables que les mines souterraines. On peut atteindre des taux de récupérations importants (≈ 90 % contre ≈ 40 % pour les mines souterraines) et l'exploitation peut durer plus longtemps (une dizaine d'année contre 2 à 5 ans) [6]. L'extraction du charbon d'une mine à ciel ouvert génère des nuisances sonores et visuelles, peut altérer le système hydrologique et il est impossible, même après remblaiement en fin d'exploitation, de rétablir l'écosystème initial. Des superficies importantes peuvent être concernées, surtout si le gisement est de faible épaisseur (plusieurs m^2 par tonne de charbon).

Les mines souterraines sont exploitées à partir de puits verticaux qui assurent l'accès et la ventilation. L'exploitation se fait, à différentes profondeurs, dans des galeries horizontales. Elle est plus difficile et plus dangereuse qu'à ciel ouvert. Il y a des risques d'éboulements et de coup de grisou[3]. L'histoire de l'exploitation charbonnière est émaillée de terribles accidents qui ont fait de nombreux morts. Citons pour mémoire celui de Courrières, en France, qui fit 1 100 morts en 1906. La silicose, due à l'inhalation de poussières de silice lors de l'exploitation des mines, est une maladie irréversible dont l'issue est souvent fatale. Sa fréquence a augmenté avec l'espérance de vie des populations car elle met un certain temps avant de se déclarer. Elle a aussi augmenté avec la mécanisation de l'exploitation des mines car on génère des particules plus fines que dans une exploitation manuelle. Celles-ci pénètrent alors beaucoup plus profondément dans les poumons. L'exploitation du charbon dans des mines souterraines génère des dépôts de déchets d'extraction, importants tant en volume qu'en surface : les terrils. Ceux-ci peuvent représenter la moitié du charbon extrait. La lixiviation[4] des terrils par la pluie peut polluer les ressources en eau. Des affaissements du sol au-dessus des zones exploitées sont aussi possibles.

3. Le grisou est un mélange détonant d'air et de méthane qui provient du dégazage des roches.

4. La lixiviation est l'extraction, par dissolution dans un liquide, de substances contenues dans un solide pulvérisé.

Le traitement du minerai extrait conduit aussi à des déchets qui sont stockés dans des terrils. Lors du tri et du calibrage, des charbons de mauvaise qualité, contenant une forte proportion de cendres, sont produits ; ils servent sur le site pour fournir de l'énergie. Le stockage du charbon, près de la mine ou du lieu d'utilisation, son transport et sa manutention, sont autant d'occasions pour générer des pollutions. C'est le cas lors du lessivage des tas de charbon par la pluie, ou par les émissions de poussières... On estime qu'entre 0,05 et 0,1 % du charbon est ainsi perdu [6].

La combustion du charbon génère des poussières mais aussi du gaz carbonique (CO_2) qui augmente l'effet de serre. Ainsi, selon la technologie utilisée, on émet entre 860 et 1 290 g de CO_2 par kWh électrique produit [7]. Nous reviendrons sur ce point dans le chapitre 3. La demande d'énergie étant considérable, la pollution associée l'est aussi. Ainsi, une centrale à charbon typique de 1 000 MW_e (1 MW_e = 1 MW électrique), qui produit 6,6 TWh_e/an (6 600 heures de fonctionnement), consomme 6,5 Mt (millions de tonnes) d'oxygène, 2,5 Mt de charbon et rejette 7,8 Mt de CO_2, 40 000 tonnes de SO_2, 10 000 tonnes de NO_2 et 6 000 tonnes de poussières. Elle produit 450 000 tonnes de déchets solides [8].

Comme chaque tonne de charbon contient, selon son origine, entre 1 et 10 grammes d'uranium et environ 2,5 fois plus de thorium, cette même centrale rejette aussi en moyenne une dizaine de tonnes par an d'uranium et de thorium qui se retrouvent dans l'atmosphère ou dans les cendres[5] [9]. Une étude américaine mentionne que la dose radioactive reçue par la population est ainsi cent fois supérieure dans le cas d'une centrale au charbon comparée à une centrale nucléaire de même puissance en fonctionnement normal. Ceci reste néanmoins bien inférieur à la radioactivité naturelle. Mais les impacts sur la santé d'une centrale au charbon proviennent plus probablement des nombreux composés chimiques issus de la combustion [9].

Le charbon est l'énergie fossile de l'avenir. C'est aussi la plus polluante lorsqu'on l'utilise. D'où l'idée de capter et stocker le gaz carbonique des grandes installations produisant de l'électricité à partir du charbon. Seules quelques installations pilotes sont prévues ou à l'essai pour apprendre à capter le CO_2. Il faudra ensuite transporter ce gaz jusqu'au lieu de stockage. Pour la dernière étape, des installations d'injection pour l'exploitation pétrolière existent, avec des capacités de l'ordre du million de

5. Si cet uranium et ce thorium étaient intégralement condensés dans les cendres et les poussières récupérées, celles-ci ne constitueraient pas pour autant un minerai (moins de 100 ppm). Les mines d'uranium exploitables ont des teneurs supérieures à 1 000 ppm et pouvant approcher 100 000 ppm (soit 10 %). La croûte terrestre à une teneur moyenne en uranium de 3 ppm (= 3 grammes par tonne).

tonnes de CO_2 par an. L'ensemble de ces technologies diminueraient significativement le rendement des centrales électriques, et augmenteraient fortement le prix de l'électricité produite. Il faudrait des milliers d'installations de ce type au niveau mondial. Il faudra aussi être sûr qu'il n'y a pas de fuite importante lors du transport et du stockage du gaz carbonique. À ce propos : l'empoisonnement chimique d'un grand nombre de personnes à la suite d'un événement naturel plutôt que d'un accident industriel s'est produit en août 1986, lorsque 1,6 million de tonnes de gaz CO_2 a été subitement émis par le lac Nyos, dans la province nord-ouest du Cameroun. Cet événement était le résultat d'un phénomène naturel au cours duquel le gaz CO_2 accumulé au fond du lac s'est retrouvé soudainement expulsé dans l'atmosphère sous l'effet d'un vaste glissement de terrain dans le lac. Comme le CO_2 est plus lourd que l'air, la masse gazeuse est restée à la surface du sol et est descendue dans les vallées le long de la face nord du cratère à la vitesse d'environ 50 km à l'heure. L'épais nuage a parcouru une vingtaine de kilomètres, étouffant près de 1 800 habitants des villages de Nyos, Kam, Cha et Subum. Les animaux ont également péri, dont 3 500 têtes de bétail.

Le pétrole

Le pétrole est la source d'énergie la plus commode car elle est concentrée (9 à 13 kWh/kg, contre 5 à 9 kWh/kg pour le charbon). Comme c'est un liquide, il se transporte et se stocke facilement. La composition du pétrole et sa qualité peuvent varier d'un gisement à l'autre. Il contient, comme éléments chimiques, essentiellement du carbone et de l'hydrogène. La plus grande partie des réserves se trouve au Moyen-Orient (Arabie Saoudite, Iran, Irak, Koweït… par ordre décroissant d'importance).

Le taux de récupération du pétrole dans les gisements est de l'ordre de 30 % mais de nouvelles techniques permettraient d'aller jusqu'à 40-50 %. De l'ordre de 0,01 à 0,02 % des quantités extraites sont perdues lors de la découverte et de l'exploitation du puits [6]. La grande quantité de saumure[6] extraite avec le pétrole est généralement réinjectée dans le puits mais elle est parfois rejetée dans les eaux de surface, notamment pour les gisements en mer ; ceci peut être source de modification du milieu aquatique.

Le transport du pétrole se fait beaucoup par mer et peut générer de graves pollutions. Ce point sera examiné dans le chapitre sur les transports. Le raffinage du pétrole permet d'obtenir les carburants, les com-

6. La saumure provient de l'eau souterraine extraite riche en de nombreux composés minéraux et organiques dissous.

bustibles, les bitumes, etc., et les produits de base de la pétrochimie. Il fait appel à de nombreuses opérations qui consomment environ 10 % du pétrole traité.

La combustion du pétrole génère moins de gaz carbonique que celle du charbon car il contient de l'hydrogène qui donne de la vapeur d'eau. La production d'un kWh électrique produit de l'ordre de 700-800 g de CO_2 [7]. Une centrale ancienne au fuel lourd de 1 000 MW_e fonctionnant 6 600 heures par an et produisant 6,6 TWh_e/an, consomme 1,5 Mt/an de fuel et 4,8 Mt/an d'oxygène. Elle rejette en moyenne chaque année 4,7 Mt de CO_2, 90 000 tonnes de SO_2 (si le fuel n'est pas désulfuré), 6 000 tonnes de NO_2 et 1 500 tonnes de poussières. Les déchets solides représentent moins de 8 m^3 [8].

Le gaz

L'utilisation du gaz naturel est en plein essor. Les deux tiers des réserves se trouvent dans l'ex-URSS et au Moyen-Orient (Iran...). Le gaz naturel est en grande partie constitué de méthane (entre 70 et 95 %). La France importe 95 % de son gaz naturel (33 % de Norvège, 24 % de Russie, 23 % d'Algérie et 13 % des Pays-Bas en 2003). En 2006, la consommation française était de 524 TWh. 76 % sont importés sous forme gazeuse et 24 % sous forme liquéfiée. Le marché en croissance est dominé par la consommation domestique. Le gaz est transporté par oléoducs (34 000 km en France) sous forme comprimée ou par méthanier sous forme liquide (le gaz liquéfié occupe un volume environ 600 fois moindre qu'à l'état gazeux). Il y a, en France, 154 000 km de canalisations pour transporter le gaz chez les usagers [11].

Outre le méthane, qui est un puissant gaz à effet de serre, le gaz naturel contient d'autres hydrocarbures saturés et des oxydes de soufre et d'azote. Au niveau international, lors de l'exploitation et du transport, surtout dans les oléoducs et les canalisations, les pertes sont de l'ordre de quelques pour cent. Elles contribuent de manière significative à l'effet de serre en s'ajoutant au CO_2 émis par le consommateur final du gaz.

Comme le méthane CH_4 contient un seul atome de carbone pour quatre atomes d'hydrogène, le gaz naturel émet, pour la même quantité d'énergie produite, moins de CO_2 lors de sa combustion que le pétrole et surtout le charbon[7]. Le gros intérêt du gaz naturel est la possibilité d'utiliser des turbines à cycle combiné. Celles-ci permettent d'atteindre des

7. Le pétrole contient en moyenne deux atomes de carbone pour quatre atomes d'hydrogène, le charbon quatre atomes de carbone pour quatre atomes d'hydrogène (à cause du méthane présent).

rendements dépassant 50 à 55 %, pour des installations fonctionnant en continu, alors que celui des autres centrales est plutôt aux alentours de 35-40 %. La pollution dans toutes ses composantes est donc moindre, pour une même quantité d'énergie produite, qu'avec le pétrole et le charbon. Pour ce qui est de l'effet de serre, la production de 1 kWh d'électricité à partir du gaz génère entre 480 et 780 g de CO_2 ; cet avantage par rapport au pétrole s'estompe si on prend en compte les pertes à la production [7].

Pétroles non conventionnels

Le pétrole dont on parle habituellement est le pétrole dit « conventionnel ». Cette ressource va devenir de plus en plus rare donc plus chère rendant ainsi économiquement compétitifs les pétroles dits « non conventionnels ». Leurs réserves sont considérables. Ils peuvent avoir diverses origines :

- Il peut s'agir de pétroles qui se sont échappés de la roche réservoir et ont migré vers la surface. Ils perdent alors leurs composants volatils. C'est le cas des sables bitumineux du Canada qui sont pâteux car beaucoup de leurs éléments volatils sont partis. C'est aussi le cas des extra-lourds du Venezuela qui en ont perdu moins et sont encore liquides mais visqueux. Les procédés à mettre en œuvre nécessitent plus d'énergie que le pétrole conventionnel, demandent beaucoup d'eau et sont source d'importantes pollutions.
- Il peut aussi s'agir de schistes bitumineux qui sont des roches sédimentaires à grain fin contenant du kérogène où la fabrication de pétrole n'est pas terminée. Il faut donc faire le travail que la nature n'a pas réalisé et produire par pyrolyse de l'huile de schiste. Cela consomme beaucoup d'énergie (on peut consommer plus d'énergie que ce que l'on pourra récupérer).

On classe aussi parfois dans la catégorie « pétroles non-conventionnels » les pétroles conventionnels qui nécessitent des méthodes non conventionnelles pour les récupérer. C'est par exemple le cas de l'offshore profond ou du pétrole que l'on va récupérer dans les régions polaires.

Les pétroles non conventionnels nécessitent des procédés spécifiques qui sont, ou peuvent être, des sources importantes de pollution.

Gaz non conventionnels

Les gaz non conventionnels ne sont pas piégés dans les réservoirs naturels classiques mais dans des roches argileuses profondes ou dans des mines de charbon. Leur exploitation est en pleine expansion, notamment aux États-Unis ce qui a permis à ce pays de réduire considérablement ses importations en gaz naturel.

Il existe quatre grandes familles de gaz non conventionnels :

- Le *gaz de schistes* (*shale gas* en anglais) piégé dans des argiles à grain fin où ils sont présents en faible quantité. Leur exploitation demande beaucoup d'eau et des produits chimiques dont on a peur qu'ils aient un impact sur l'environnement, notamment sur les nappes phréatiques. Ils représentent environ la moitié du gaz non conventionnel exploité aux États-Unis. Leur production est passée de 19 à 57 milliards de m^3 entre 2004 et 2008.
- Le *gaz de charbon* (*coalbed methane* en anglais) que l'on connaît sous le nom de *grisou* est du méthane piégé dans le minerai de charbon. Il est responsable, dans les mines de charbon, des « coups de grisou » qui sont de redoutables explosions et étaient des accidents très fréquents lors des premières exploitations du charbon. En 2004, environ 6 000 personnes ont perdu la vie en Chine lors de l'exploitation du charbon. Le gaz de charbon représente environ la moitié du gaz non conventionnel exploité aux États-Unis.
- Les *gaz de sables colmatés* (*tight gas sands* en anglais) se trouvent dans des roches peu perméables qu'il faut fracturer pour pouvoir les exploiter. Les réserves sont considérables (sans doute la moitié des réserves de gaz non conventionnel aux États-Unis) mais les techniques d'exploitation sont encore trop coûteuses pour être compétitives avec les autres sources.
- Les *hydrates de méthane* ou *clathrates de méthane* (*methane hydrate, methane clathrate, hydromethane ou methane ice* en anglais) sont des complexes formés d'eau et de méthane que l'on trouve au fond des océans ou dans le pergélisol (sol gelé dans les régions polaires). Les réserves sont considérables (sans doute deux fois l'ensemble des ressources fossiles connues) mais on ne sait pas aujourd'hui les exploiter de manière rentable. Un des dangers d'un fort réchauffement climatique est qu'il pourrait libérer dans l'atmosphère ce méthane piégé dans les clathrates ce qui aurait un effet amplificateur vis-à-vis de l'effet de serre et pourrait conduire à une catastrophe majeure.

Les énergies renouvelables

Les énergies renouvelables ont été utilisées par l'homme pendant des centaines de milliers d'années. Elles sont intermittentes et diluées. Ainsi, un bateau à voile n'avance que lorsqu'il y a du vent. La nature concentre parfois cette énergie. C'est le cas de l'eau qui, grâce au terrain, aux cours d'eau et aux retenues, peut donner un potentiel considérable d'énergie. Le barrage des trois gorges, en Chine, a une puissance de 18 GW, c'est-à-dire celle de 18 centrales nucléaires de 1 GW_e[8].

La plupart des énergies renouvelables (hydraulique, solaire, éolien et biomasse) sont issues du rayonnement solaire. C'est une bonne caractéristique pour une énergie renouvelable, puisqu'elles seront exploitables jusqu'à ce que le soleil et la terre disparaissent. Cela se produira dans environ 5 milliards d'années, lorsque le soleil aura épuisé son combustible (l'hydrogène) et commencera à brûler son hélium. Notre étoile grossira alors jusqu'à engloutir notre planète.

La géothermie a pour origine essentielle la chaleur dégagée par la radioactivité d'éléments naturels présents dans le sol (99 % de la planète est à une température supérieure à 200 °C). Elle peut être qualifiée de renouvelable car les réserves potentielles sont considérables. Elle ne l'est pas en toute rigueur pour deux raisons. D'une part la chaleur d'un site intensément exploitée ne se renouvelle pas instantanément. D'autre part les éléments radioactifs deviennent de moins en moins nombreux au cours du temps, et la ressource thermique disponible ira donc en diminuant. Toutefois cette dernière décroissance ne sera sensible que sur des échelles de temps très longues (géologiques).

Certains déchets, issus des activités humaines, peuvent aussi être considérés comme une source d'énergie renouvelable, puisque les déchets existeront tant qu'il y aura des hommes. La biomasse ne peut l'être que si l'on replante ce que l'on consomme. Dans le cas contraire, par exemple lorsqu'on détruit des forêts, c'est une énergie épuisable tout comme les combustibles fossiles.

Une énergie renouvelable doit se renouveler aussi vite que ce que l'on consomme. La quantité qui se renouvelle est donc un paramètre important. Les combustibles fossiles par exemple se renouvellent puisqu'ils se forment de manière continue à partir d'une très faible partie de la biomasse se dégradant dans des conditions particulières. La vitesse de ce renouvellement est néanmoins extrêmement faible à l'échelle humaine. Pour nos sociétés, les combustibles fossiles sont donc des ressources épuisables.

8. 1 GW_e signifie une puissance électrique d'un milliard de watt. La puissance totale de la centrale doit être plus élevée car il y a des pertes. Ces pertes sont très faibles pour une centrale hydraulique mais importantes pour une centrale thermique ou nucléaire. La puissance totale (thermique) d'une centrale nucléaire de 1 GW_e est en réalité de 3 GW car 2 GW sont perdus en chaleur (G = giga = milliard).

Tous les dispositifs énergétiques utilisés pour exploiter les énergies renouvelables nécessitent de l'énergie et des matières premières pour être fabriqués. Ils ont une durée de vie limitée, si bien qu'il faut prendre en compte leur élimination. Tout ceci génère des déchets, est une source potentielle de pollution, et ne doit pas être oublié. Le coût économique des énergies renouvelables est également un élément important pour le consommateur, même si des taxes additionnelles peuvent modifier les coûts relatifs des énergies.

L'hydraulique

La production d'électricité à partir de l'eau se fait avec une excellente efficacité ; on peut facilement atteindre des rendements supérieurs à 90 % et cela va même parfois jusqu'à 98-99 %. L'utilisation de centrales hydrauliques peut avoir plusieurs types d'impacts sur l'environnement.

Les gros barrages peuvent accroître les risques de tremblement de terre. Par exemple 250 millions de m^3 de roches ont glissé de la retenue de Vaiont en Italie en 1963. Ceci entraîna une éjection de 168 millions de m^3 d'eau et fit 3 000 victimes dans la vallée. Il peut y avoir aussi des ruptures de barrage. Le plus gros accident a eu lieu en Inde au barrage de Morvi en 1979 avec 5 000 morts. Nous avons connu deux accidents en France. Le premier en 1895 au Bouvet qui a fait 100 morts, le second plus récent, en 1959 à Malpasset où il y a eu 421 morts. Il y a eu 30 accidents graves et 18 000 victimes dans le monde entre 1959 et 1987 [12].

L'hydraulique a aussi d'autres impacts sur l'environnement : formation de brouillards dans certaines régions, perturbations écologiques et hydrologiques, érosion, etc. Dans les pays chauds, les aménagements hydrauliques peuvent, lorsqu'ils sont mal conçus, amplifier la diffusion de maladies comme le paludisme ou la bilharziose.

L'énergie solaire

On peut soit utiliser la chaleur du rayonnement solaire (solaire thermique), soit transformer celui-ci en électricité (solaire photovoltaïque). En fonctionnement, les moyens de production solaire ont un impact négligeable sur l'environnement.

Les chauffe-eau solaires permettent de produire de l'eau chaude sanitaire ou chauffer une maison ou un immeuble grâce à des planchers chauffants. Ces systèmes ne sont malheureusement pas assez répandus en France. Si l'on concentre les rayons lumineux du soleil, on peut même atteindre des températures supérieures à 1 000 °C et produire de l'électricité : c'est le principe des centrales solaires. L'impact sur l'environnement se limite aux processus de fabrication et aux systèmes en fin de vie.

L'autre manière d'utiliser l'énergie solaire est de produire de l'électricité grâce à des panneaux de semi-conducteurs. Ce mode de production est très onéreux puisque le prix d'un kWh vaut de l'ordre de 0,45 € en cas de raccordement au réseau. Il n'est intéressant que pour des niches de marché. En système autonome, il faut inclure des batteries pour restituer de l'énergie lorsqu'il n'y a pas de soleil. Les batteries au plomb sont les plus utilisées car elles sont les moins coûteuses. Le prix du kWh atteint alors environ 1,50 €, prix qui est néanmoins compétitif par rapport à l'utilisation d'un groupe électrogène. C'est toutefois beaucoup plus cher que l'énergie produite en France, où le prix du kWh en sortie de centrale est en moyenne inférieur à 0,03 €. Cette solution est bien adaptée aux pays en voie de développement en zone rurale à faible densité de population, ou pour satisfaire des besoins modérés dans des sites isolés.

La fabrication de panneaux photovoltaïques demande beaucoup d'énergie ; elle est donc source de déchets et de pollution. La durée de vie d'un panneau peut atteindre une trentaine d'années mais il faut 4 à 5 années de fonctionnement pour compenser l'énergie qu'il a fallu pour le fabriquer. Comme l'énergie utilisée pour fabriquer les panneaux solaires peut générer des gaz à effet de serre, on peut émettre de 30 à 280 g de CO_2 par kWh électrique produit, selon la nature de l'énergie utilisée. La fabrication des panneaux semi-conducteurs relève d'une industrie de type microélectronique qui utilise aussi des produits toxiques pour l'homme et l'environnement.

La situation est moins intéressante en terme de bilan énergétique si le système dispose d'un moyen de stockage (batteries). On ne pourra jamais récupérer l'énergie qu'il a fallu pour fabriquer la batterie si elle est de qualité médiocre. On en récupérera à peine plus si la batterie est de bonne qualité. Ce bilan peut être amélioré avec le recyclage des batteries.

En fonctionnement, il n'y a pas d'impact de l'énergie photovoltaïque sur l'environnement si ce n'est l'emprise au sol puisqu'il faut une surface d'environ 50 à 80 km^2 pour produire 8 TWh_e/an, qui est l'énergie fournie environ en une année par une centrale de 1 000 MW_e.

Dans tous les cas il est aussi important de prendre en compte les produits en fin de vie, notamment les batteries au plomb, pour éviter de contaminer l'environnement avec des produits toxiques.

L'éolien

De nombreuses éoliennes ont été fabriquées et installées. La puissance des plus grandes dépasse largement le mégawatt. Compte tenu de l'irrégularité intrinsèque du vent, il est nécessaire d'associer l'énergie éolienne à un moyen de production complémentaire (centrale à gaz par exemple) capable de démarrer rapidement pour avoir de l'énergie même quand il n'y a pas de vent. En effet, même dans un site bien venté, la puissance moyenne efficace est typiquement de l'ordre de 25 à 30 % de la puissance installée. Elle est même parfois beaucoup plus faible comme c'est le cas en Allemagne où, en 2003, elle atteignait à peine 15 %. Pour obtenir des quantités d'énergie compatibles avec les besoins d'un pays développé, un grand nombre d'éoliennes est nécessaire. Ainsi, il faut environ 2 500 éoliennes de 1,5 MW pour fournir autant d'énergie qu'une centrale nucléaire de 1 000 MW_e.

L'éolien peut avoir un impact positif ou négatif sur les émissions de gaz à effet de serre selon les cas. Prenons le cas du Danemark, par exemple. La majorité de sa production électrique provient de centrales à charbon très polluantes. L'introduction d'éoliennes permet d'en diminuer l'utilisation et fera ainsi gagner, pour une puissance éolienne installée donnée, 25 à 30 % des émissions de CO_2 par rapport à une utilisation à plein-temps des centrales à charbon pour cette même puissance. Prenons maintenant le cas de la France où 90 % de l'électricité est produite sans émission de gaz à effet de serre. Remplaçons une centrale nucléaire (il y en a 58) par des milliers d'éoliennes. Celles-ci doivent être associées à des centrales à gaz pour produire l'électricité lorsqu'il n'y a pas de vent. Au total on passe d'une situation où l'on n'émettait pas de CO_2 à une situation dans laquelle on va en émettre pendant 70 à 75 % du temps à cause des centrales à gaz. On voit que le même dispositif de production (l'éolien) diminue dans un cas les émissions et les augmente dans l'autre. Ceci montre qu'il n'y a pas de solution universelle et que celles-ci doivent être élaborées en fonction du contexte.

Les seules nuisances directes des éoliennes sont le bruit, leur emprise au sol et leur impact visuel. Mais la mise en place d'une éolienne nécessite aussi beaucoup d'énergie car il faut fabriquer du béton. À puissance équivalente, il faut beaucoup plus de béton pour installer des éoliennes que pour construire une centrale nucléaire. Il faut également penser au recyclage en fin de vie de ces systèmes.

La géothermie

La géothermie a pour origine la chaleur dégagée par la désintégration d'éléments radioactifs présents dans la terre. Les gisements à haute et moyenne température permettent de produire de l'électricité. Ceux à plus basse température fournissent de la chaleur. Le flux géothermique est, sauf dans des zones très particulières, très inférieur au flux solaire. En France, la géothermie est exploitée dans le domaine des basses températures (50-75 °C) dans les bassins parisien et aquitain. Il y a des ressources exploitées à haute et moyenne température en Guadeloupe. Comme le rendement d'exploitation est faible, une grande partie de la chaleur (jusqu'à 90 %) est rejetée dans l'environnement.

Des expériences sont menées à grande profondeur (de 3 000 à 5 000 m) pour fracturer des roches chaudes à l'aide d'eau injectée depuis la surface pour récupérer de la vapeur et produire de l'électricité. C'est le cas près de Strasbourg à Soultz-sous-Forêts. De microtremblements de terre ont récemment été observés ce qui conduit, pour des réalisations industrielles importantes, à être prudent et nécessite des études complémentaires de risques.

L'utilisation de l'énergie géothermique peut avoir un impact mesurable sur l'air, l'eau et le sol. Au niveau de l'air, des polluants gazeux peuvent s'échapper. L'un d'entre eux, l'hydrogène sulfuré (H_2S) est le plus remarqué par son odeur intense d'œuf pourri et sa toxicité. C'est un composé chimique très réactif qui favorise les phénomènes de corrosion. Parmi les gaz rejetés, il y a aussi du CO_2 qui contribue à accroître l'effet de serre. Les rejets d'ammoniac (NH_3) peuvent être un problème car ce gaz peut réagir avec H_2S pour former du sulfate d'ammonium. Comme la plupart des sources chaudes géothermales sont riches en métaux lourds dissous et peuvent contenir des solides en suspension, leur rejet inconsidéré peut être dommageable pour l'environnement.

L'exploitation de l'énergie géothermique peut parfois conduire à un affaissement de terrain si l'eau chaude extraite n'est pas réinjectée après utilisation. Les puits géothermiques doivent être équipés de silencieux pour éviter des nuisances sonores pouvant aller jusqu'à 120 dB.

La biomasse

La biomasse est constituée de toute la matière vivante existant sur la terre [13]. Elle comprend les végétaux et les êtres vivants. Plus de 90 % de celle-ci est végétale. Un dixième de l'énergie totale commerciale et non commerciale utilisée dans le monde est issue de la biomasse. Le bois est ainsi utilisé par l'homme pour produire de la chaleur pour la cuisson de ses aliments depuis des centaines de milliers d'années. Le cas des déchets issus de la biomasse animale, essentiellement les déchets organiques, sera évoqué plus loin ainsi que dans le chapitre 6.

Les végétaux captent l'énergie solaire, utilisent le gaz carbonique de l'atmosphère et l'eau du sol pour croître et fabriquer des hydrates de carbone : c'est la photosynthèse. Ils rejettent de l'oxygène au cours du processus. Le rendement énergétique est faible, inférieur en général à 1 % dans les pays tempérés. Néanmoins les végétaux sont un bon moyen de stocker l'énergie solaire. Il existe maintenant des cultures dédiées à la production d'énergie qui ont de meilleurs rendements. Par exemple des taillis à courte révolution plantés de peupliers peuvent produire, par hectare, 3 à 4 fois plus de bois qu'une forêt classique.

Les cultures vivières

Pour les êtres humains et les animaux, l'usage premier de la biomasse est leur alimentation. Elle fournit ainsi l'énergie dont ils ont besoin pour assurer leur existence. La valeur énergétique des aliments consommés par un être humain est en moyenne de 2,7 kWh par habitant et par jour. Au niveau mondial la nourriture représente environ 500 à 600 Mtep par an, soit environ 6 % de la consommation d'énergie primaire mondiale. La nourriture représentait l'essentiel de la consommation énergétique de l'homme primitif. Les cultures alimentaires surtout lorsqu'elles sont intensives, font un usage important d'engrais et de pesticides qui contribuent à polluer l'environnement. Ceci sera examiné dans le chapitre 6.

Les biocombustibles

Une autre utilisation de la biomasse végétale est la production d'énergie. On peut l'utiliser sous forme de biocombustibles ou de biocarburants. Parmi les biocombustibles, le bois est celui qui a été le plus utilisé lors du développement de l'humanité et il est encore utilisé par une grande partie de la population mondiale. Plus de la moitié du bois exploité dans le monde est dédié à cet usage[9]. Sa densité énergétique est environ trois fois inférieure à celle du pétrole et dépend beaucoup de l'humidité qu'il contient. Après un séchage naturel de deux ans, il contient encore 15 à 20 % d'humidité. Le bois ne brûle pas mais subi un processus en trois étapes lorsqu'on le chauffe. Dans la première, il évacue son humidité ce qui consomme de l'énergie. Dans la seconde, au-dessus de 200 °C, il émet des gaz qui brûlent et produisent de l'énergie. Il se transforme alors

9. En Afrique et en Asie, 80 % du bois exploité sert de bois de chauffage, contre 20 % en Europe et sur le continent américain. En France, l'Ademe évalue à 45 % le nombre de résidences individuelles principales consommant du bois de feu.

en charbon de bois qui représente environ 30 % du poids sec initial. Le charbon de bois a été, pendant longtemps, un intermédiaire important à l'utilisation du bois car il a une densité énergétique deux fois supérieure et dégage moins de fumées lors de sa combustion.

Le bois émet, en brûlant, beaucoup de particules dans ses fumées ainsi que des composés organiques volatils. Il peut aussi émettre du monoxyde de carbone et des oxydes d'azote. En secteur résidentiel, ses performances tant énergétiques qu'environnementales sont médiocres et insuffisantes, voire dangereuses, quand le bois est de mauvaise qualité (bois humide ou de récupération…)[10] [14], [15], [16]. La combustion de la biomasse émet aussi du gaz carbonique. Toutefois, comme l'arbre ou la plante en a consommé en poussant, le bilan est proche de l'équilibre vis-à-vis de l'effet de serre. Par rapport aux cultures intensives, la sylviculture utilise peu d'engrais et de pesticides. L'autre impact sur l'environnement de l'utilisation du bois dans les pays en voie de développement est la déforestation. Elle provient pour une part de l'utilisation de bois de feu, mais surtout de la conversion de forêts en cultures ou pâturages[11].

Le bois ne contient pas ou peu de soufre, sa combustion permet donc de diminuer notablement les quantités de SO_2 produites par une chaufferie ne comportant pas de traitement correspondant des fumées. Mais suivant la qualité du bois utilisé, les quantités de NO_x émises peuvent être importantes. Par ailleurs les taux d'émission de poussières sont élevés. Les chaudières doivent donc être équipées pour traiter les NO_x et limiter les émissions de poussière.

Une combustion mal maîtrisée, un conduit mal conçu, un combustible impropre à la combustion (humide, souillé) ou une utilisation inadaptée de l'appareil peuvent entraîner des émissions de poussières et d'imbrûlés gazeux toxiques pour l'homme. La combustion d'un bois humide augmente la formation de dioxines et de divers polluants. Nous développerons plus abondamment ces points dans le chapitre 7.

10. Le rendement énergétique d'une cheminée à foyer ouvert de conception ancienne est de moins de 10 %. Dans les appareils de conception moderne (foyer fermé ou poêles à bûches), avec un bois de qualité, il peut dépasser 50 % [15]. Toutefois il ne fait désormais plus de doute que la combustion du bois contribue à la détérioration de la qualité de l'air ambiant. Pour des raisons sanitaires, tant qu'il n'existera pas de cadre formalisé pour l'utilisation du bois combustible dans l'habitat individuel et sur les performances techniques nécessaires, il ne parait pas opportun d'encourager cet usage [16].

11. À l'inverse, en France, la forêt est en croissance depuis plus d'un siècle. Elle couvre 16,1 millions d'hectares, soit 29,2 % du territoire national [17].

Ainsi, le chauffage au bois est une des sources de pollution majeure dans la région de Montréal. Au cours des hivers 1999 à 2002 objets d'une étude, des concentrations plus élevées de divers polluants ont été mesurées dans un quartier résidentiel comparativement au centre-ville. L'atmosphère, notamment en hiver, comportait deux fois plus d'hydrocarbures aromatiques polycycliques, des concentrations en dioxines et furanes 1,7 fois plus toxiques, 10 % de particules fines en plus. La signature chimique de la pollution permettait de l'attribuer à la combustion du bois et une enquête mit en évidence dans ce quartier un nombre plus élevé de résidences chauffées au bois. La pollution est maximale lorsque les vents sont faibles, jusqu'à 20 fois supérieure certaines soirées.

Les biocarburants

La production de biocarburants est un autre volet de l'utilisation de la biomasse [18]. Même si l'on ne peut pas produire la totalité des carburants nécessaires aux transports, cela peut contribuer à diminuer l'usage du pétrole. Toutefois des quantités non négligeables d'énergie fossile sont nécessaires pour produire des biocarburants et le choix de la culture utilisée est important. Si l'on n'utilise pas les sous-produits (paille...), le rendement énergétique depuis la plante sur pied jusqu'au biocarburant est compris entre 10 et 50 %. Dans la mesure où les pollutions agricoles sont maîtrisées (voir chapitre 6), l'utilisation de biocarburant permet de remplacer du pétrole, et donc contribue à la lutte contre l'effet de serre.

Les biocarburants actuels produits à partir de cultures dédiés (colza, canne à sucre, betterave, tournesol...) sont dits de première génération. Deux filières existent. La première, la filière éthanol, produit de l'éthanol et son dérivé l'ETBE (Ethyl-Tertio-Butyl-Ether), destinés à être facilement incorporés à l'essence. La seconde, la filière diester, produit des esters d'huile végétale (obtenus en faisant réagir du méthanol avec de l'huile de colza ou de tournesol) qui peuvent être mélangés au diesel. Les plantes et les procédés pour obtenir les biocarburants consomment du pétrole. Avec 1 kWh de pétrole on produit 1,5 à 2 kWh de biocarburant. Le biocarburant est ainsi un amplificateur d'énergie qui, sans être exceptionnel, vaut mieux que consommer le pétrole tel quel. Il faut toutefois rester prudent. En effet d'autres évaluations du rendement énergétique donnent des résultats peu favorables aux biocarburants. De plus leur production nécessite des terres arables, de l'eau en quantité suffisante, des engrais... Une concurrence certaine et des limitations existent dans l'usage de ces moyens. La production de biocarburants peut-être une source d'emplois sur le sol national.

Les biocarburants de deuxième génération se distinguent des précédents en ce qu'ils visent à utiliser la biomasse lignocellulosique (bois, pailles, déchets forestiers, résidus agricoles, etc.) qui a l'avantage de pousser sans engrais et n'entre pas en compétition avec les cultures alimentaires. Les plantes qui poussent rapidement, comme des taillis à courte révolution, le triticale, le miscanthus, etc. offrent les meilleurs rendements. Il faut également favoriser les plantes ayant de faibles besoins en eau. L'objectif de la filière est d'exploiter la plante dans sa totalité alors qu'habituellement on n'en utilise qu'une partie. Cela permet de diminuer les coûts et la quantité de déchets produits.

Dès la dernière guerre mondiale, l'Allemagne, et, plus récemment, l'Afrique du Sud, ont utilisé la biomasse lignocellulosique (mais surtout le charbon) pour synthétiser du pétrole mais le rendement était faible. L'idée des biocarburants de deuxième génération consiste à gazéifier la biomasse avec un apport extérieur d'énergie, et à utiliser de l'hydrogène, fabriqué par électrolyse avec de l'électricité n'émettant pas de CO_2, pour synthétiser du carburant par la méthode de Fischer-Tropsch. Le carburant formé est très pur (en particulier il ne contient pas de soufre). Du fait qu'il utilise de l'énergie (et de l'hydrogène) de l'extérieur, au lieu de la prélever de la terre (en brûlant une partie du bois pour obtenir de la chaleur), on vise environ 6 kg de bois pour produire 1 litre de carburant.

Le rendement est bien meilleur que celui des biocarburants de première génération. Pour ces derniers, on peut dire grossièrement qu'un hectare de terre permet en moyenne de produire de l'ordre d'une tonne de biocarburant, alors que la même surface de biomasse lignocellulosique fournirait le double voire le triple de biocarburant de seconde génération.

Les déchets

Les déchets peuvent être considérés comme une énergie renouvelable car tant qu'il y aura des hommes il y aura des déchets. Même si la destruction ou la réduction reste l'objectif prioritaire du traitement des déchets, il est intéressant de produire de l'énergie lorsque c'est possible. Deux voies principales permettent de produire de l'énergie : la fermentation et l'incinération.

Dans le processus de fermentation, des bactéries décomposent les matières organiques. Elle peut se faire en présence d'air (fermentation aérobie) ou en l'absence de celui-ci (fermentation anaérobie). Dans le premier cas, il y a un dégagement notable de chaleur. Par contre, la fermentation anaérobie en dégage peu, voire il faut même en fournir pour qu'elle se réalise dans de bonnes conditions. Selon le type de bactéries impliquées, la fermentation peut s'effectuer à basse température (vers 35 °C) ou à plus haute température (vers 55 °C).

La fermentation est utilisée pour les ordures ménagères et les déchets verts, les déchets d'élevage (lisiers de porcs, déjections bovines, fientes de volailles), les effluents industriels (issus de papeterie) agroalimentaires (laiteries, brasseries, sucreries…) et les boues des stations d'épuration.

Le processus de fermentation produit du biogaz et un résidu solide qui peut être utilisé comme amendement organique ou engrais pour les sols. Le biogaz est un mélange qui contient essentiellement du méthane et du gaz carbonique en proportions variables. Le processus aérobie, au cours duquel le biogaz s'échappe dans l'atmosphère, contribue à accroître l'effet de serre, sans compter les autres nuisances (comme les odeurs) qu'il occasionne. Il est donc préférable de procéder à une fermentation anaérobie. Dans ce cas, une partie du biogaz peut servir à fournir l'énergie nécessaire au processus de fermentation, et le reste peut être prélevé pour d'autres usages. Un autre avantage d'un processus en milieu fermé, à une température plus élevée qu'à l'air libre, est la destruction des germes pathogènes. Cela évite de les disperser ensuite dans les sols lorsque les résidus sont utilisés à des fins agricoles.

L'incinération des déchets est l'autre voie de traitement des déchets qui produit de l'énergie. Celle-ci peut être valorisée sous forme de chaleur, pour produire de l'électricité, ou les deux à la fois (cogénération). De gros progrès ont été faits en matière d'incinérateurs et leurs rejets dans l'atmosphère de produits toxiques, comme les dioxines ou les fumées, ont fortement diminué.

L'énergie nucléaire

La production d'électricité à partir de l'énergie nucléaire date d'une cinquantaine d'années. C'est une technologie relativement jeune qui a encore d'énormes potentialités devant elle. Elle est basée sur la fission de l'uranium induite par neutrons. Une fois amorcée, c'est une réaction en chaîne qui permet d'obtenir beaucoup d'énergie avec peu de combustible. Ainsi, la fission d'un gramme de matière fissile libère environ 24 000 kWh[12].

Plusieurs familles de réacteurs nucléaires existent et permettent de produire de l'énergie. La technologie mise en œuvre dans la majorité des réacteurs existants est basée sur la fission induite par des neutrons lents, c'est-à-dire qui se propagent avec une vitesse faible. Dans ces conditions, la fission n'est possible que pour l'isotope de masse 235 de l'uranium

12. Par comparaison, il faut deux tonnes de pétrole pour libérer la même énergie. 1 g de pétrole contient 0,012 kWh.

(^{235}U). Or l'uranium naturel est en majorité constitué d'^{238}U et la proportion d'^{235}U n'est que de 0,7 %. Pour des raisons techniques, dans les réacteurs refroidis à l'eau ordinaire, on est obligé d'utiliser de l'uranium enrichi à quelques pourcents. Cette opération d'enrichissement, où l'on part d'uranium naturel, conduit à une partie enrichie qui permettra de fabriquer le combustible et à une fraction plus importante appauvrie en ^{235}U.

Le principe d'un réacteur nucléaire est de générer de la chaleur grâce aux réactions de fission, et d'utiliser celle-ci pour produire de la vapeur qui sera ensuite envoyée dans une turbine couplée à un alternateur. Le rendement thermodynamique d'une telle machine dépend de la différence entre la température de la source chaude et celle de la source froide. Il est de l'ordre de 33 % pour les réacteurs nucléaires utilisés en France. Cela signifie que lorsque 1 kWh d'électricité est produit, il a fallu dissiper 2 kWh de chaleur. Comme pour toute machine thermodynamique qui n'utilise pas directement la chaleur, il y a donc un impact thermique sur l'environnement. Ce problème existe de manière similaire pour les centrales utilisant des combustibles fossiles, de la biomasse, ou des déchets. Il est atténué en cas de cogénération (électricité + chaleur pour le chauffage ou vapeur pour l'industrie)

L'énergie nucléaire permet de produire un kWh_e à un prix extrêmement compétitif (0,03 à 0,05 €/kWh_e). De plus, en fonctionnement, elle ne contribue pas à accroître l'effet de serre et n'a aucun impact sur le changement climatique. En fonctionnement normal, le peu de radioactivité qui est relâché est sans impact sur la santé. La dose radioactive calculée est très faible devant la radioactivité naturelle. Comme nous l'avons déjà dit, la dose reçue par la population environnante est cent fois plus faible que celle émise par une centrale au charbon [9]. Les seules émissions de gaz à effet de serre viennent des opérations de construction (la fabrication du béton, par exemple, nécessite de l'énergie qui provient souvent des combustibles fossiles) et des transports divers. Au bilan, ceci représente 6 g de CO_2 par kWh produit, alors qu'une centrale au charbon en émet de l'ordre de 1 000 g.

Comme toute source d'énergie, le nucléaire produit des déchets. Parmi ceux-ci il y en a de très radioactifs, lorsque leur durée de vie est courte, ou de peu radioactif lorsque leur durée de vie est très longue. Bien que leur volume soit faible, puisque l'énergie nucléaire est une source énergétique très concentrée, ils demandent une grande attention. Compte tenu de son importance, le sujet des déchets nucléaires fera l'objet d'un chapitre spécifique.

Le prix de l'uranium naturel n'entre que pour une faible part dans le coût du kWh. Ainsi, si le prix de l'uranium était multiplié par 10, le prix du kWh augmenterait de moins de 40 %. Pour le gaz, la même augmentation multiplierait le prix du kWh par un facteur 7. Toutefois, les réserves d'uranium sont finies et, avec la technologie actuelle, ne représentent qu'une durée de l'ordre de la centaine d'années. Il est donc important d'étudier de nouvelles filières qui exploitent mieux l'énergie potentiellement contenue dans l'uranium alors que la technologie actuelle n'en exploite que de l'ordre de 0,5 %.

Les réacteurs à neutrons rapides, où la fission des noyaux d'uranium est induite par des neutrons de plus grande vitesse, sont la technologie d'avenir si l'on souhaite se placer dans le cadre d'un usage plus pérenne. Pour illustrer cela, prenons le cas des derniers réacteurs EDF qui ont été mis en service au tournant de ce siècle et dont la puissance est de 1 500 MW_e [7]. Ils sont prévus pour fonctionner pendant 40 ans. À l'issue de cette période, chaque réacteur aura laissé 7 000 tonnes d'uranium appauvri issues des opérations d'enrichissement, 1 000 tonnes d'uranium qui n'ont pas été brûlés dans le réacteur et que l'on peut séparer du reste du combustible (uranium de retraitement) et 11 tonnes de plutonium. L'uranium appauvri, et en partie celui de retraitement, sont pour le moment sans emploi alors que ce sont des matières premières pour les réacteurs à neutrons rapides. Leur utilisation permettrait de faire fonctionner une série de réacteurs à neutrons rapides de 1 400 MW_e pendant plus de 1 000 ans[13]. Le changement de technologie permettra donc d'ajouter au fonctionnement sur 40 ans une production pendant plus de 1 000 ans. En d'autres termes, si la production électrique annuelle reste constante, les réserves d'uranium déjà importées en France sont suffisantes pour plusieurs milliers d'années. L'usage ultérieur du thorium, qui est encore plus abondant que l'uranium, permettra de disposer de l'énergie nucléaire de fission pendant très longtemps. Quant au plutonium, la France le réutilise déjà comme combustible dans les réacteurs de la génération actuelle, grâce à la technologie MOX[14].

Un autre intérêt des réacteurs à neutrons rapides qui sont en cours d'étude (ou qui ont déjà fonctionné avec succès comme c'est le cas de Phénix et Superphénix), est d'opérer à plus haute température. Les ren-

13. La durée serait comprise entre 1 000 et 5 000 ans selon le devenir des actinides mineurs (neptunium, américium, curium…) et les pertes cumulées lors du traitement des combustibles usés.

14. Le MOX (mixed oxyde) est un combustible contenant à la fois de l'uranium et du plutonium. Son utilisation permet de recycler le plutonium formé dans les centrales et d'économiser ainsi l'uranium.

dements thermodynamiques sont plus élevés. Des rendements de l'ordre de 50 % sont envisageables. En termes d'impact thermique, ce point est important puisque, pour un kWh d'électricité produit, il n'y a plus à dissiper qu'un kWh de chaleur au lieu des deux kWh actuels.

La technologie des réacteurs à neutrons rapides s'annonce également efficace en terme de déchets. Elle l'est grâce à son rendement thermique amélioré. De plus dans ces réacteurs, les flux de neutrons sont plus denses, et les neutrons rapides ont la propriété de mieux fissionner les noyaux lourds, quel que soit leur nombre de protons ou de neutrons. Ces réacteurs sont aussi efficaces pour incinérer une partie des noyaux radioactifs produits par les générations précédentes ou par le réacteur lui-même.

Après les accidents de Tchernobyl en 1986 et de Fukushima Daiichi en 2011, un des enjeux immédiats pour la filière nucléaire est de réduire significativement la probabilité et les conséquences d'un accident de fusion du cœur avec rejets importants de radioactivité dans l'environnement. Dans le cas de la centrale de Fukushima, le dimensionnement face aux risques d'inondation était clairement inadapté. Les conditions de refroidissement d'une centrale dotée de plusieurs réacteurs en situation interne et externe très dégradée nécessitent également une meilleure prise en compte. L'impact de tels accidents gît principalement dans l'accroissement des cancers de la thyroïde, des impacts sur la santé à court, moyen et long terme qui suscitent des débats importants quant à leur niveau, et la contamination radioactive de territoires étendus. 25 ans après l'accident de Tchernobyl, une zone de 30 km de rayon autour du site reste quasiment inhabitée. Des craintes similaires existent autour du site de la centrale de Fukushima, qui dépendront toutefois de possibilités de nettoyage des zones contaminées.

L'exploitation des mines d'uranium peut être génératrice d'une pollution importante si elle n'est pas bien maîtrisée. Comme toute exploitation minière, même en remblayant la mine en fin d'exploitation avec les résidus du minerai traité, on ne retrouve pas l'état initial. Le foisonnement des terrains déplacés modifie les conditions d'altération et de dissolution par l'eau et peut favoriser les dégagements de radon.

Mieux utiliser l'énergie

Chaque fois que l'on utilise de l'énergie pour fabriquer un bien de consommation ou pour se déplacer, on induit des pollutions et on génère des déchets. Si l'on est capable d'avoir le même service avec moins d'énergie l'impact négatif sur l'environnement est plus faible. Le kWh le plus propre est celui que l'on ne produit pas, aussi faut-il aller dans ce sens chaque fois que c'est possible. La technologie, mais aussi l'éducation et le mode de vie, permettent de mieux utiliser l'énergie. Pour illustrer ce point, prenons quelques exemples tirés d'un ouvrage intitulé *La maison des négawatts* [19].

En France, le chauffage et la production d'eau chaude sanitaire dans le résidentiel tertiaire sont un poste important de la consommation énergétique de notre pays. Le renouvellement de l'habitat se fait sur une échelle de temps très longue aussi les progrès sont lents dans ce domaine. Une maison bien orientée peut économiser environ le tiers de sa consommation énergétique ; une architecture bioclimatique permet de gagner un autre tiers.

Les cheminées qui ont été utilisées pendant des siècles dans les fermes avaient un très mauvais rendement énergétique, de l'ordre de 10 %. Il existe maintenant des foyers fermés qui, avec du bois sec, ont des rendements de 60 à 80 %. Avec 7 fois moins de bois ils produisent la même quantité de chaleur et la pollution est diminuée d'un facteur plus grand encore.

L'utilisation de la veille des appareils électroniques consomme de l'énergie. Le seul confort qu'elle procure est de permettre l'allumage à distance de l'appareil avec la télécommande, plutôt qu'avec le bouton marche-arrêt. Prenons l'exemple d'une télévision standard dont la puissance en veille est de 15 W et de 80 W allumée. En regardant 3 heures la télévision par jour la consommation est de 240 Wh. Le dispositif de veille, qui a fonctionné pendant 21 heures, a consommé 315 Wh. Dans cette illustration, le plaisir d'allumer la télévision avec la télécommande coûte donc plus cher en énergie que de la regarder. On estime que la puissance requise pour alimenter les veilles d'appareils électroniques est d'environ 15 GW_e pour les pays de l'OCDE, soit l'équivalent d'un peu plus de 15 réacteurs nucléaires de 1 GW_e.

Conclusion

L'énergie est au cœur des civilisations modernes. La possibilité d'en disposer abondamment, comme c'est le cas depuis que l'on exploite les combustibles fossiles, a permis d'accroître substantiellement le niveau de vie des terriens. La nourriture, qui représentait l'essentiel de la consommation énergétique de l'homme primitif, est devenue maintenant très faible par rapport aux autres usages. Les transports, l'industrie, l'agriculture, le résidentiel et le tertiaire ont maintenant des besoins nettement supérieurs, et la demande pour un confort accru se poursuit.

De manière générale, les nuisances augmentent avec les quantités consommées, et avec la multiplication des sources d'énergie. Les combustibles fossiles sont la ressource la plus utilisée, et leur impact sur l'environnement est important. Il est indispensable de le prendre en compte pour le minimiser. Comme la population mondiale augmente, et que le niveau de vie des pays en voie de développement ou émergents s'accroît, la demande mondiale d'énergie devrait doubler voire tripler à l'horizon 2050. La production de pétrole devant plafonner puis décliner d'ici une à quelques dizaines d'années, la consommation va se reporter en partie sur le gaz et le charbon, ce dernier étant particulièrement polluant. Même en développant fortement les énergies renouvelables, on sera malheureusement loin du compte et il faudra accroître la contribution de l'énergie nucléaire. Quant à l'accroissement de l'effet de serre, qui tire son origine des activités humaines, c'est un réel problème qui ne pourra trouver de solution qu'à l'échelle mondiale comme on le verra dans le chapitre qui lui est consacré.

Dans les problèmes de la maîtrise et de l'utilisation de l'énergie, la technologie et l'éducation sont deux facteurs essentiels. La technologie permet de réduire la consommation pour un même service, mais elle ne suffit pas. De gros efforts doivent être faits pour changer la manière dont nous utilisons l'énergie, si possible sans diminuer notre confort. Ce problème est complexe, car il touche à la consommation, aux modes de vie, aux rapports entre les êtres humains, et à l'économie en général. Les sociétés modernes ont malheureusement tendance à réagir lorsque la crise est là plutôt qu'à l'anticiper.

Les trois maillons principaux pour mieux utiliser l'énergie et réduire les impacts de son utilisation sur l'environnement sont : la technologie, les pouvoirs publics et le consommateur. La technologie permet d'obtenir le même service ou un meilleur service avec moins d'énergie. Les pouvoirs publics orientent la manière dont on consomme l'énergie et peuvent favoriser certaines sources de production. Cela se fait par l'intermédiaire de réglementations, de taxes, de lois, d'incitations, etc. Enfin, en bout de chaîne, il y a le consommateur qui décide de ce qu'il va consommer. C'est lui qui décide par exemple (s'il en a les moyens financiers) d'aller au bout du monde pour ses vacances ou de rouler en ville avec un véhicule de grosse cylindrée. Si les supermarchés vendent des fraises produites à des milliers de kilomètres en hiver et amenées en avion, c'est parce qu'il y a des clients pour les acheter. Le consommateur est donc un élément essentiel, souvent négligé car on suppose que la technologie permettra de résoudre tous les problèmes.

Chapitre 3
Les déchets radioactifs

L'histoire des déchets radioactifs commence avec l'exploitation des minerais renfermant des radionucléides naturels. Elle se poursuit avec les développements scientifiques et industriels qui, au cours du siècle dernier, ont conduit à la formation de radionucléides artificiels. Des concentrations non naturelles de radioactivité sont désormais largement produites et utilisées (cas du plutonium) dans les réacteurs électronucléaires. Des applications médicales, industrielles, ou de recherche en font également usage. Comme pour toute activité humaine, cela génère des déchets.

Les combustibles usés des centrales électronucléaires sont les déchets radioactifs les plus toxiques et les plus surveillés. Avant d'en parler dans le détail, nous commencerons par un tour d'horizon des autres déchets radioactifs des exploitants de centrales, des industriels utilisant la radioactivité (sources ou marqueurs), des hôpitaux, des laboratoires de recherche.

À première vue, ces déchets radioactifs sont des déchets usuels : matériels obsolètes, objets métalliques ou plastiques divers, outils, flacons, matériaux usagés, gants ou tenue de protection, gravats... La spécificité des déchets radioactifs est dans l'émission de rayonnements dangereux pour le monde vivant. Pour les plus radioactifs (les combustibles usés et leur gainage), cela conduit également à un dégagement thermique qui doit être pris en compte dans leur gestion. Ces rayonnements s'estompent avec le temps. Les déchets deviennent alors des déchets classiques non radioactifs, à gérer selon les précautions habituelles à tout déchet. Le facteur temps joue donc un rôle original et essentiel dans la gestion des déchets radioactifs : il convient de protéger l'environnement de l'effet des rayonnements pendant une durée limitée dépendant des radionucléides présents dans les déchets.

Déchets à vie courte

Certains déchets sont à vie très courte tels que ceux issus de l'usage de marqueurs en imagerie médicale ou industrielle. Un exemple est l'iode 131 dont l'activité décroît de moitié en 8 jours. Ils sont gérés par un entreposage de décroissance chez l'utilisateur, avant de rejoindre les filières de gestion des autres déchets non radioactifs de l'entreprise ou de l'hôpital.

Pour ceux dont la période radioactive est plus grande, il est nécessaire de prévoir des filières de gestion spécifique. Ce cas s'applique notamment aux déchets de l'industrie électronucléaire. Des matériels sont contaminés ou activés par les matières radioactives utilisées. Une des premières difficultés auxquelles se trouve confronté l'exploitant nucléaire est que, dans son domaine restreint, il lui faut mettre en place de nombreuses filières de gestion de produits très différents les uns des autres : métaux, plastiques, solvants organiques ou aqueux, huiles, matériels électroniques, gravats, métaux lourds, effluents liquides… Ces nombreuses filières de tri, de décontamination partielle, de compaction, d'incinération, d'évaporation, de conditionnement dans un liant hydraulique, dans du bitume, ou par vitrification ont chacune leur spécificité et doivent être amorties sur de faibles quantités.

En France, une grande partie des déchets à vie courte et de faible ou moyenne radioactivité est stockée dans deux sites de surface opérés par l'Andra. De 1965 à 1995, 527 000 m^3 de déchets ont été placés dans le site de stockage de la Manche, qui occupe une surface de 15 hectares à une vingtaine de kilomètres de la ville de Cherbourg[15]. Ce stockage, qui n'est plus exploité, a été recouvert pour permettre le captage, le contrôle et l'évacuation des eaux de pluie [10].

Depuis lors, les nouveaux déchets produits sont transportés sur le site de l'Aube à une cinquantaine de kilomètres de la ville de Troyes. Ce site a bénéficié dès sa conception de l'expérience acquise dans la Manche. Il est dimensionné pour stocker un million de mètres cubes sur une trentaine d'hectares. Au rythme actuel de 13 000 m^3 par an, il pourra fonctionner

15. Le volume de 527 000 m^3 représente un cube de 80 mètres de côté, ou encore une épaisseur moyenne de 3,5 mètres sur 15 hectares.

pendant 75 ans[16]. Trois barrières y protègent les déchets : le colis en acier ou en béton, les cases de stockage en béton armé avec les galeries de surveillance de leur étanchéité, et, à terme, une couverture d'argile lorsque l'exploitation sera terminée.

Figure 3.1 Les déchets de faible et moyenne activité à vie courte sont regroupés avant expédition au Centre de l'Aube. (Copyright CEA – Patrick Aventurier)

Les déchets ainsi gérés contiennent des radionucléides de période inférieure à trente ans. Tous les trente ans, leur radioactivité décroît de plus d'un facteur deux, soit un facteur plus que mille en trois cents ans. Les déchets contenant des radionucléides à vie longue n'y sont pas admis, sauf dans des limites de contamination proche de ce que la nature présente dans les gisements d'uranium (teneur moyenne maximale fixée à 370 Bq/g). Dans quelques siècles, le contenu radioactif du stockage sera ainsi proche d'un retour à la nature [20], [21].

Précisions sur les unités

Le corps humain a une activité moyenne d'environ 8 000 becquerels, soit 0,1 becquerel par gramme (Bq/g). Cela signifie que, chaque seconde, 8 000 noyaux de potassium 40 et de carbone 14 (et de quelques autres éléments mineurs) se désintègrent par radioactivité dans l'organisme de tout individu de taille adulte. Cumulés jusqu'à la fin de son existence, ces noyaux désintégrés n'auront représenté que moins du cent millième de milliardième de tous les noyaux de son corps.

16. Le volume de 13 000 m^3 représente un cube de 24 mètres de côté.

Les règles pour la libre circulation des aliments fixées par l'Organisation mondiale de la santé se situent dans la gamme de 0,1 à 1 Bq/g (et 100 fois moins pour les émetteurs alpha artificiels) [22]. La croûte terrestre contient en moyenne 2 Bq/g (1 Bq/g en terrain sédimentaire, 3 Bq/g en terrain granitique). Un gisement d'uranium – on en trouve un peu partout dans le monde – a une activité située entre 100 et 20 000 Bq/g [23].

Déchets de très faible activité

Pour les déchets de très faible activité (TFA, moins de 100 becquerels par gramme, 10 Bq/g en moyenne), l'Andra a mis en service en 2003 un site de stockage dans l'Aube (CSTFA), à quelques kilomètres de celui cité précédemment. Les déchets reçus sur le CSTFA ont trois origines principales : les installations nucléaires, laboratoires ou centres de recherche en activité ou en cours de démantèlement, les industries chimiques ou métallurgiques dont les procédés de fabrication concentrent la radioactivité naturelle présente dans certains minerais, l'assainissement et la réhabilitation de sites pollués appartenant à des particuliers ou des collectivités territoriales. Environ 50 % des déchets reçus sont des déchets industriels (ferrailles et plastiques), 40 % des déchets inertes (bétons, briques, terres…) et 10 % des déchets spéciaux (boues, cendres…). Le centre est dimensionné pour recevoir 650 000 m^3 sur 28,5 hectares. Le volume moyen de déchets[17] stockés annuellement sur le centre est de 24 000 m^3. Le site a été choisi pour son sous-sol argileux présentant des propriétés hydrogéologiques (étanchéité) et mécaniques favorables [24].

Déchets à vie longue de moyenne et haute activité

Les déchets à vie longue de moyenne et haute activité sont directement issus des réactions nucléaires au sein d'un réacteur. Ils peuvent aussi provenir des matériaux fortement contaminés ou activés qui sont en contact proche avec la zone de réaction. C'est le cas des gaines entourant les combustibles nucléaires. Une autre origine est celle des réactifs et matériels utilisés dans les usines de traitement des combustibles usés.

17. Le volume de 24 000 m^3 représente un cube de 29 m de côté. En 2009, le centre a stocké 27 335 m^3 de déchets.

En sortie de réacteur, le combustible usé a une activité qui se chiffre en centaines de milliards de becquerels par gramme. Bien que ce soit des milliers de fois moins que le nombre de réactions qui se déroulent chaque seconde quand le combustible est en réacteur et produit de l'énergie, c'est encore beaucoup. Pour ces déchets, les recherches menées depuis plusieurs décennies ont permis d'identifier les filières de gestion à mettre en place, c'est-à-dire la manière de les gérer dans le temps. Le parlement en juin 2006 a ainsi décidé de privilégier la voie du traitement des combustibles usés, du recyclage des matières et du stockage géologique des déchets ultimes conditionnés. Il a également souhaité que soient poursuivies les recherches et l'expérimentation sur un recyclage poussé de certains radionucléides laissés à ce jour dans les déchets. Il a également demandé de développer les modalités d'entreposage précédant la mise en stockage.

Le combustible neuf des réacteurs nucléaires est le plus souvent composé d'oxyde d'uranium. L'uranium est un radioélément naturel, de période longue puisqu'il existe encore sur terre depuis sa formation il y a 4,5 milliards d'années. L'uranium est un élément courant de la croûte terrestre, notamment dans les terrains granitiques. La croûte terrestre en contient en moyenne 3 grammes par tonne et l'eau de mer mille fois moins. Dans les réacteurs, les noyaux d'uranium sont cassés en dégageant de l'énergie récupérée sous forme thermique et convertie en électricité. Les éléments produits par ces fissions ne sont pas tous stables, 12 % d'entre eux environ sont radioactifs. De plus, en capturant des neutrons, l'uranium se transforme partiellement en noyaux plus lourds sans fissionner, donc sans libérer d'énergie : il se forme ainsi des éléments transuraniens tels que le neptunium, le plutonium, l'américium, le curium.

Les produits de fission sont des déchets radioactifs. Les recherches conduisent à les considérer comme des déchets ultimes, c'est-à-dire non valorisables et ne pouvant pas être convertis en un déchet plus simple. Quelques années après la sortie des réacteurs, il reste encore 4 à 5 % de ces produits de fission ayant une période courte, inférieure à 30 ans. Leur activité domine au début, mais au bout de quelques centaines d'années, leur rayonnement et leur dégagement thermique se sont largement estompés. Ces déchets ne sont pas assimilables pour autant aux colis de faible ou moyenne activité acceptés sur le centre de l'Aube : ils sont en effet mélangés avec 7 à 8 % de radionucléides à période longue (entre deux cent mille ans et vingt millions d'années). Un large consensus international parmi les scientifiques est de les stocker en milieu géologique dans des conditions soigneusement étudiées. Cette éventualité d'un stockage géologique profond est l'objet des études en cours à Bure en France, à Olkiluoto en Finlande, à Osthammar en Suède, comme dans d'autres pays ayant une industrie électronucléaire. Par contre aux États-Unis, l'administration du gouvernement Obama a décidé de mettre fin au développement d'un site de stockage à Yucca Mountain (Nevada).

Les éléments transuraniens formés sont sources de nombreux débats quant à la manière de les gérer. Dans plusieurs pays comme les États-Unis, la Suède ou la Finlande, l'ensemble des combustibles usés est considéré commc un déchet et devrait aller en stockage géologique. Cette assertion est toutefois moins forte depuis que les Américains, qui ont un parc électronucléaire double de la France, ont évalué en détail les conditions du stockage : à cause de la chaleur résiduelle des combustibles, il sera nécessaire de les disposer éloignés les uns des autres dans un ou plusieurs site de stockage. Ils prendront donc beaucoup de place. Pour les refroidir et réduire ainsi l'emprise du site de stockage, il faut d'abord attendre qu'une majorité des produits de fission se désactivent. Mais au-delà de quelques dizaines d'années d'entreposage d'attente, la chaleur est principalement due aux transuraniens, et ce pendant plusieurs centaines, voire milliers d'années. D'où l'idée de recycler ces transuraniens en réacteur au lieu de les mettre dans les déchets en stockage[18].

Figure 3.2 Le travail sur les combustibles usés se fait en chaîne blindée (Copyright CEA – Thierry Foulon)

18. Après décroissance du césium 137 (période radioactive 30 ans) et du strontium 90 (période 29 ans) pendant un siècle environ, le principal contributeur aux dégagements séculaires de chaleur devient l'américium 241 de période radioactive 432 ans. D'autres contributeurs séculaires et millénaires sont les plutoniums 238 (période 88 ans) et 240 (période 6 540 ans).

D'aucuns considèrent le surcroît de radioactivité généré par le passage de l'uranium en réacteur pour produire de l'énergie. Ce surcroît perdure plusieurs millions d'années. En recyclant les transuraniens, donc en évitant de les mettre avec les déchets, il serait possible de ramener ce surcroît aux produits de fission et d'activation dont la radioactivité est largement réduite en moins d'une centaine de milliers d'années[19].

La France, le Japon, la Russie, le Royaume-Uni et à terme d'autres pays comme la Chine et l'Inde ont développé ou envisagent de développer une industrie de traitement des combustibles usés, de séparation et de réutilisation du plutonium, principal transuranien en terme pondéral. Cette pratique allège la contrainte thermique et permet de conditionner une minorité des actinides transuraniens avec les produits de fission au sein d'un bloc vitrifié spécialement conçu pour les confiner[20]. Pour être menée plus complètement sur le plan de la thermique, du caractère irradiant et de la toxicité à long terme des déchets, cette pratique pourrait évoluer en prenant également en considération d'autres transuraniens : l'américium surtout, le neptunium et le curium ensuite.

En production cumulée mondiale jusqu'en 2009, 15 % des combustibles usés sortis des réacteurs ont été retraités, 85 % sont entreposés. Fin 2009 l'usine Areva de La Hague avait traité plus de 25 000 tonnes de combustibles usés français et étrangers. La production annuelle de combustibles usés en France est d'environ 1 200 tonnes/an, dont environ 1 000 tonnes sont retraitées chaque année.

Lors d'un stockage géologique, la radioactivité ne devra pas remonter jusqu'à l'homme. La gestion effective des colis de déchets passe donc d'abord par l'évaluation quantifiée des possibilités de migration de chacun des radionucléides depuis les déchets ultimes où ils sont initialement confinés jusqu'à la biosphère. Quelques-uns des phénomènes à considérer pour évaluer le risque final sont la corrosion des enveloppes libérant les radionucléides, les possibilités d'immobilisation sur les minéraux proches et les parois, ou au contraire le déplacement et les errements de chaque famille de radionucléides selon ses propriétés chimiques propres, dans les pores et les failles du milieu de confinement, jusqu'à leur arrivée éventuelle dans la biosphère. Au cours de ce long trajet, la radioactivité

19. Des exceptions sont par exemple l'iode 129 de période 15,7 millions d'années, le sélénium 79 (période 1,1 million d'années), le chlore 36 (période 302 000 ans), le technétium 99 (période 213 000 ans).
20. L'Allemagne, la Suisse, les Pays-Bas, la Belgique, l'Italie, l'Australie ont eu recours au traitement de combustibles en ce début du XXIe siècle. L'arrêt de cette pratique par l'Allemagne est cohérent avec sa politique de sortie du nucléaire.

a le temps de décroître et pour certains radionucléides de disparaître[21]. Lorsque les quantités de transuraniens dans les déchets sont minimisées, en premier le plutonium, les éventuelles conséquences radioactives d'une intrusion humaine dans un entreposage ou un stockage sont également réduites.

Ordres de grandeurs en France

Les mouvements annuels de matière associés à la production électronucléaire en France porte sur l'extraction de 8 000 tonnes d'uranium naturel et leur importation[22]. Les 58 réacteurs en consomment 62 tonnes par an. Cela génère 51 tonnes de produits de fission et produit 11 tonnes d'autres actinides (transuraniens, majoritairement du plutonium). Le petit écart de masse entre les noyaux lourds d'actinides fissionnés (62-11 tonnes) et les produits de fission (51 tonnes), soit 50 kg[23], est converti en énergie conformément à la relation d'Einstein $E = mc^2$.

Près de 90 % des produits de fission sont stables ou se stabilisent en moins de quelques années. Le reste, soit 6 tonnes, se répartit en 2,5 tonnes d'éléments de périodes radioactives inférieures à 30 ans et 3,5 tonnes d'éléments de périodes très longues (million d'années)[24]. À ces produits de fission s'ajoutent 11 tonnes de transuraniens à vie longue et haute activité. Dans la durée, ces derniers sont mille fois plus radiotoxiques que les produits de fission à cause de leur radioactivité alpha. Recycler le plutonium, qui est le principal transuranien, permet de réduire cette radiotoxicité.

21. Les travaux de modélisation permettent de donner une image de ces mouvements. Dans un milieu géologique comme l'argile de Bure, en Meuse Haute-Marne, où se situe le laboratoire de recherche français de l'Andra, les temps de parcours des éléments les plus rapides sont estimés être supérieurs à cent mille ans. Pour la moyenne de ceux qui arriveraient à la biosphère, les temps vont de quelques centaines de milliers d'années à des millions d'années. Seule une minorité des radio-nucléides réussirait toutefois ce parcours (moins de quelques pour cent), et leur arrivée se ferait en ordre dispersé, donc répartie dans le temps.

22. À titre de comparaison, le tonnage de produits carbonés fossiles importés par la France pour ses besoins énergétiques est annuellement de 130 millions de tonnes (hydrocarbures principalement).

23. L'énergie de ces 50 kilogrammes correspond à l'énergie contenue dans 400 TWh électrique, au rendement près de conversion de la chaleur en électricité (0,33).

24. Pour comparaison, la période radioactive de l'uranium 238 est de 4,5 milliards d'années, équivalente à l'âge de la terre. Celle de l'uranium 235, minoritaire, est de 700 millions d'années.

L'excédent d'uranium importé résulte de sa faible teneur en uranium 235 (0,7 %). Cet isotope 235 est indispensable au fonctionnement des réacteurs industriels en exploitation. Le reste de l'uranium (uranium 238 majoritaire), relativement peu consommé par les réacteurs actuels, constitue une réserve utilisable quand seront déployés des réacteurs adaptés[25]. Des prototypes de réacteurs rapides développés à cette fin existent ou sont en cours de développement (Russie, France, Japon…), mais ne sont pas rentables aujourd'hui.

Un millier de mètres cubes de déchets très radioactifs à vie longue sont mis chaque année en entrepôts. Une fraction d'entre eux, les 150 m^3/an de déchets vitrifiés qui présentent un dégagement thermique notable, commencent à y refroidir. Au-delà de quelques décennies, entre 50 ans et plus d'un siècle, ils pourront être stockés dans un site géologique à plusieurs centaines de mètres de profondeur, confiés à la nature comme cela est fait avec les déchets radioactifs à vie courte. Là où les transuraniens auront été minimisés, et si l'entreposage a été suffisamment long, jusqu'à plusieurs siècles éventuellement, la surface occupée en stockage pourrait être réduite au même ordre de grandeur (hectare/an) que celle occupée par tous les autres types de déchets radioactifs stockés en surface. Sans ces précautions, elle serait dix à trente fois supérieure. La surface occupée serait maximale si l'on voulait stocker rapidement des combustibles non traités et peu refroidis.

Une partie du plutonium est recyclée dans les réacteurs sous forme de combustibles Mox qui sont des mélanges d'oxydes d'uranium et de plutonium. Ces combustibles contribuent pour environ 10 % à la production énergétique. Avec les réacteurs de technologie actuelle, cette part pourrait être augmentée, mais il serait difficile d'atteindre la fission de la totalité du plutonium et d'une part significative des autres actinides transuraniens formés, qu'il faudrait préalablement séparer des déchets pour les insérer dans les combustibles. Les combustibles Mox sont consommateurs nets de transuraniens, donc aussi de la toxicité et de la thermique résiduelle qui y sont attachées.

25. Dans les réacteurs actuels refroidis à l'eau, un tiers seulement de l'énergie provient de l'uranium 238. Des réacteurs iso ou surgénérateurs peuvent tirer 100 % de leur énergie de l'uranium 238. Le plutonium y joue un rôle essentiel et tous leurs combustibles sont a priori de type mixte (avec du plutonium). Dans de tels réacteurs, la gestion des transuraniens se posent dans les mêmes termes que pour les réacteurs à eau actuels : nécessité de traiter les combustibles usés, de séparer les éléments transuraniens à recycler, de fabriquer de nouveaux combustibles les incluant et de les utiliser en réacteurs.

Ces réflexions sur le devenir des déchets sont spécifiques aux déchets radioactifs en ce qu'elles prennent en compte les perspectives de gestion sur plusieurs siècles ou millénaires dans des sites techniques de stockage. Par ailleurs, les tonnages et volumes mentionnés pour les déchets radioactifs sont cent à mille fois plus petits que ceux des déchets industriels de différentes natures incluant les déchets toxiques. Ramenés à la population française, les déchets radioactifs sont de 1 kilogramme par habitant et par an, dont 10 grammes de déchets de haute activité et à vie longue. Un site de stockage géologique pour les déchets à vie longue pourrait suffire pour cinquante ans à plusieurs siècles de production électronucléaire au rythme actuel de cette production [25], [26].

Trois termes sont utilisés pour parler de la destruction des transuraniens : incinération, transmutation, recyclage. Ils recouvrent le même objectif final : fissionner ces noyaux pour réduire drastiquement leur thermique résiduelle et leur radio-toxicité à long terme. Tous les transuraniens sont des radioéléments à vie longue ou haute activité . Laissés à eux-mêmes, une dizaine d'étapes de décroissance radioactive leur est nécessaire pour aboutir à un noyau stable. Par contre, s'ils fissionnent (ce qui de surcroît produit de l'énergie), seuls 7 % des produits de fission sont à vie longue, avec en général une seule transformation pour aboutir à un noyau stable, et 5 % des produits de fission sont à haute activité et vie courte.

Le lieu naturel pour fissionner les transuraniens est le réacteur électrogène (de tous types, modérés ou à neutrons rapides). C'est là que sont les flux de neutrons en quantité industrielle pour le faire, et ces réacteurs sont conçus pour récupérer l'énergie de fission. Moins d'un réacteur sur deux suffirait pour remplir cette tâche, tout en continuant à produire normalement de l'énergie.

En parallèle, des chercheurs étudient la possibilité de regrouper et concentrer les transuraniens à transmuter dans un très petit nombre de réacteurs. Les fortes concentrations en transuraniens dans les combustibles obligeraient alors à choisir de nouvelles technologies de pilotage du réacteur. Un ADS (*Accelerator Driven System*), ou système hybride, serait un appareil dont le réacteur serait sous contrôle d'une source extérieure de neutrons. Les neutrons de pilotage seraient créés au sein d'une cible en alliage de plomb, bombardée par des protons de haute énergie en provenance d'un puissant accélérateur de grande intensité. Cette technologie, qui cumule plusieurs défis (accélérateur, fenêtre d'entrée, cible, réacteur chargé en éléments transuraniens, et leurs couplages), fait l'objet d'études théoriques. Sa faisabilité n'est pas acquise, et, si elle le devenait, son champ d'application technique et économique resterait à définir[26].

Sûreté des déchets

La sûreté dans la gestion des déchets est aujourd'hui acquise à court terme dans les installations industrielles. Elle passe notamment par la solidification et le confinement des déchets. La règle est de ne pas laisser les effluents radioactifs sans traitement dans des cuves qui pourraient être soumises à la corrosion ou à des évolutions chimiques instables. Un déchet inerté, solidifié et confiné ne présente pratiquement aucun risque et, en dehors d'un incendie, ne peut pas conduire à un accident avec relâchement significatif de radioactivité dans l'atmosphère.

Les processus techniques de gestion des déchets radioactifs sont longs, de plusieurs dizaines ou centaines d'années. Pour ce qui la concerne, la présente génération de chercheurs et d'ingénieurs procède à des essais, qui se perfectionneront dans la durée, dans les domaines du retour à la nature (stockage) et de la destruction par recyclage de transuraniens. Et les exploitants constituent des provisions financières, c'est-à-dire investissent dans le développement de l'économie en compensation du travail résiduel futur[27] [27], [28].

26. Indépendamment de la complexité technologique des ADS, qui pèse sur leur faisabilité (et pèserait sur leur rentabilité économique), des chercheurs suggèrent l'adjonction d'un cœur à base de thorium, en remplacement de l'uranium, avec l'objectif de produire de l'énergie, et non plus d'incinérer des actinides dans un petit nombre d'appareils. Les trans-thoriums formés sont également radioactifs, mais leurs propriétés diffèrent de celles des transuraniens, en bien et en mal.Quelle que soit la ressource énergétique, thorium ou uranium, le traitement des combustibles usés et le recyclage des noyaux lourds s'imposeront par principe. En effet, l'uranium 233 formé à partir du thorium doit être recyclé car c'est le noyau fissile entretenant la réaction nucléaire. Un cycle au thorium démarrerait en utilisant une fraction d'uranium 235 ou de plutonium. De même le plutonium formé à partir de l'uranium 238 doit être recyclé dans les réacteurs utilisant cette ressource.

27. Il y a quelques années, la lutte contre les risques de l'industrie nucléaire arrivait en troisième position dans les attentes des Français en matière d'action de l'Etat. Elle était au même niveau que l'élimination et le tri des déchets ou que le développement de technologies respectueuses de l'environnement. En premiers c'était la lutte pour la réduction de la pollution de l'air et la lutte contre la pollution de l'eau qui dominaient largement dans leurs préoccupations [29].

Figure 3.3 Puits d'entreposage à sec de combustibles usés. (Copyright CEA – Emmanuel Joly)

Santé

Les rejets radioactifs liquides et gazeux des installations nucléaires sont autorisés dans la limite de conséquences marginales par rapport à l'exposition à la radioactivité naturelle. Pour comptabiliser l'effet de la radioactivité, l'unité employée n'est pas le becquerel mais le sievert. Ce changement permet de prendre en compte l'énergie des rayonnements, qui diffère d'un noyau radioactif à l'autre, et la sensibilité des tissus vivants. La dose due à la radioactivité naturelle se situe autour d'un à quelques milli-sievert par an (mSv/an), voire une dizaine de milli-sievert par an dans certaines régions (Kérala en Inde, Minas Gerais au Brésil...). L'irradiation naturelle se fait à faible débit tout au long de l'année. À l'irradiation naturelle s'ajoute l'irradiation artificielle dont la principale source est l'usage des rayons X par le secteur médical qui est à l'origine d'une irradiation moyenne de la population française de 0,7 à 0,8 mSv par an, en augmentation [30].

Une irradiation rapide d'une centaine de milli-sievert est la dose la plus faible pour laquelle une probabilité accrue d'effet cancérigène est mise en évidence. Des suspicions existent pour le fœtus vers 30 mSv. Dans le domaine des plus faibles doses radioactives, les études épidémiologiques ne sont pas un outil assez puissant pour mettre statistiquement en évidence un tel effet (s'il existe). Toutefois et malgré l'absence de démonstration scientifique, il est d'usage de considérer que la probabilité d'apparition tardive d'une maladie comme un cancer varie linéairement avec la dose reçue.

Pour gagner en précision, les chercheurs focalisent leur attention sur les processus d'endommagement et de réparation au sein des cellules et tissus vivants pour mieux comprendre l'impact des rayonnements ionisants [8], [31].

Dans l'hypothèse d'un stockage géologique de déchets radioactifs à vie longue ou haute activité, de nombreuses simulations ont été effectuées en France et à l'étranger. Pour les milieux de stockage les plus adaptés, les doses calculées sont très inférieures à la radioactivité naturelle, à la fois en situation normale d'évolution et pour certaines situations incidentelles.

Pollution de l'environnement

Dans le cas de sites pollués, la collecte des déchets radioactifs peut parfois poser des difficultés plus ardues que pour d'autres déchets industriels. En voici quelques exemples montrant la diversité des situations : La ville d'Hiroshima a été reconstruite sur le site même de l'explosion. Une cinquantaine d'années après les essais nucléaires américains, les îles Marschall font encore l'objet d'opérations de mesure et de nettoyage. En Ukraine, autour de Tchernobyl et du réacteur accidenté en 1986, quelques habitants sont revenus sur les lieux, mais il faudra encore de nombreuses décennies pour que la situation redevienne acceptable[28]. Par comparaison, il faut moins de dix ans pour qu'un bord de mer souillé par les hydrocarbures lors d'une marée noire retrouve son équilibre antérieur, en l'absence de nettoyage poussé.

28. La décroissance radioactive et les migrations dans les sols conduisent à une diminution de la contamination en césium 137 d'un facteur 2 en 10 à 25 ans.

Les masses d'uranium et de transuraniens utilisées pour la production électronucléaire sont sans commune mesure avec celles, comparativement très faibles, utilisées par la défense stratégique des pays possédant l'arme nucléaire. Il y a 440 réacteurs de puissance dans le monde qui produisent annuellement 2 500 TWh d'électricité. Chaque année 350 tonnes de noyaux lourds sont fissionnés pour produire cette énergie, soit près de cent fois plus que la totalité des essais de bombes nucléaires effectuées à ce jour.

L'accident de Tchernobyl

Le 26 avril 1986, en Ukraine, un des réacteurs nucléaires de Tchernobyl explosa : après diverses erreurs de pilotage et la suppression volontaire de certains dispositifs de sûreté, une montée en puissance non maîtrisée des réactions nucléaires se produisit. Les crayons combustibles se fragmentèrent. Les pastilles d'oxyde d'uranium surchauffées explosèrent, provoquant une déflagration qui souleva la dalle supérieure du réacteur d'un poids de 2 000 tonnes. La partie supérieure du réacteur fut à l'air libre et le modérateur en graphite prit feu. Celui-ci dura une dizaine de jours. Une partie du cœur radioactif du réacteur fut ainsi éjectée dans l'environnement, à proximité immédiate pour les débris, mais aussi sous forme de poussières, aérosols et gaz entraînés plus ou moins loin par les vents et jusque dans la haute atmosphère [32].

Compte tenu des vents dominants, c'est la Biélorussie voisine qui souffrit le plus des retombées radioactives. Ainsi, 23 % du territoire biélorusse, 5 % de l'Ukraine et 1,5 % de la Fédération russe furent contaminés (> 37 kBq/cm^2, soit 150 000 km^2 environ).

Environ 600 personnes intervinrent durant la nuit de l'accident. Après l'évacuation de 115 000 personnes proches du réacteur dans les premiers jours, c'est au total quelques 220 000 personnes qui ont dû déménager à la demande des Autorités. Au cours des quatre années suivantes, 600 000 liquidateurs furent mobilisés. De 6 à 7 millions de personnes résidaient dans les territoires réputés contaminés. L'accident fut à l'origine d'un traumatisme social et psychologique pour les habitants, et d'importantes pertes économiques. Au-delà des trois pays cités, des radionucléides de la centrale de Tchernobyl ont été mesurés dans tous les pays de l'hémisphère nord [33].

Parmi les 600 intervenants des premiers jours, 134 ont présenté des signes précoces d'irradiation aiguë, pertes de cellules sanguines, brûlures cutanées et lésions des poumons, par irradiation externe et dépôt ou inhalation de poussières radioactives. La plupart ont été hospitalisés à

Moscou. Parmi ceux-ci, 28 sont décédés dans les semaines qui ont suivi, puis 11 autres dans la décennie suivante, dont trois en lien probable avec l'irradiation et huit de causes plus incertaines[29]. Des séquelles sont aussi apparues chez les survivants : brûlures, cataractes, troubles des fonctions immunitaires, plaintes de troubles non fonctionnels. Dans les cinq ans qui ont suivi, 14 enfants sont nés dans cette cohorte, tous normaux.

Les études sur les liquidateurs sont plus difficiles en raison de la diversité de leurs origines et de celle des expositions. La dose moyenne reçue est estimée à 120 mSv, ce qui pourrait causer à terme quelques 3 600 cancers mortels. Des excès de leucémies et de cancers ont été rapportés dans certaines études mais ne sont pas ou peu discernables des fluctuations naturelles. Les conséquences attendues en nombre de cancers, heureusement limitées par rapport au nombre des cancers naturels, risquent ainsi de ne pas recevoir de réponse statistiquement démontrée.

En ce qui concerne la population, des cancers de la thyroïde ont été mis en relation avec les retombées d'iode radioactif dans la zone d'exclusion de 30 km autour de la centrale et dans les territoires contaminés. À partir de 1990, on a constaté une augmentation très nette des cancers de la thyroïde des enfants qui avaient moins de 15 ans au moment de l'accident. En Biélorussie, de 1991 à 2005, pour les enfants âgés de moins de 18 ans en 1986, 6 848 cas de cancers ont été recensés au lieu de quelques dizaines de cas attendus en l'absence d'irradiation. Ces cancers peuvent être traités, même quand ils sont étendus (avec des métastases), mais ils nécessitent des soins et un suivi médical à vie. Parmi ces malades et jusqu'en 2005, quinze décès sont intervenus. Pour les enfants nés après 1986, aucune augmentation des cancers de la thyroïde n'est observée (soit 2 à 4 cas par million et par an, comparable à ce qui était observé avant l'accident de Tchernobyl). Des résultats similaires ont été observés sur les adolescents et jeunes adultes en Ukraine et dans certains territoires fortement contaminés de Russie. Il est probable que de nouveaux cas de cancers de la thyroïde soient enregistrés au cours des prochaines décennies [34].

Des médecins rapportent d'autres effets spécifiques de la radioactivité sur la santé. Ces données donnent lieu à débat car elles ne sont pas considérées comme statistiquement significatives. Une augmentation des fausses couches n'est pas à exclure, mais les scientifiques n'ont pas noté d'augmentation des malformations à la naissance ni de déficit intellectuel. Il est trop tôt pour affirmer qu'il n'y aura pas de conséquences héréditaires

29. Au bilan radiologique, il convient d'ajouter 3 personnes décédées de traumatismes lors de l'accident.

sur la descendance, mais ceci est jugé peu probable car les doses radioactives sont faibles.

L'essentiel des doses a été reçu pendant les premières années après l'accident, la contamination résiduelle ayant désormais un impact moindre. Les 115 000 personnes évacuées auraient reçu une dose moyenne de 30 mSv. Le nombre de décès imputables à ce niveau de radioactivité et pour l'ensemble des populations des territoires contaminés est estimé entre 4 000 et 10 000. Il conviendrait aussi d'estimer l'excès de décès causés en dehors des territoires les plus contaminés. Des chiffres à hauteur d'une à plusieurs centaines de milliers sont ainsi parfois cités pour la population mondiale. Malheureusement il n'y a pas d'accord scientifique universel sur la nature et l'ampleur des risques sur la santé d'une exposition à long terme à des niveaux de radiation considérés comme faibles ou très faibles.

En beaucoup d'endroits, les conditions de vie des populations des territoires contaminés ne sont pas propices à une bonne santé. L'accroissement des maladies cardiovasculaires, cérébrovasculaires et respiratoires perçu par les médecins locaux est donc plausible. Pauvreté, alimentation médiocre, tabac, alcool sont les premières causes à combattre aujourd'hui. Dans tous les groupes, cette dégradation de l'état de santé est constatée avec recrudescence de tuberculoses, maladies psychosomatiques, augmentation du taux de suicide. Ces constats s'insèrent dans les conséquences du bouleversement socio-économique régional induit par l'accident [35].

L'Organisation mondiale de la santé estime que les conséquences les plus graves à long terme sur la santé publique concerneraient la santé mentale. La stigmatisation de ceux qui ont été contaminés se poursuit et entraîne une augmentation des comportements à risque, des cas de dépression et d'autres troubles neurologiques et psychologiques. La méfiance à l'égard des informations officielles s'est répandue, de même que la tentation d'imputer à tort la plupart des problèmes de santé à l'exposition aux radiations de Tchernobyl [34].

En ce qui concerne la France, le nuage radioactif issu de Tchernobyl a été détecté entre le 30 avril et le 5 mai 1986. Les deux contaminants majeurs étaient l'iode 131, qui a disparu en quelques semaines, et le césium 137, encore présent dans certaines zones. En lavant l'atmosphère, les pluies sont à l'origine de la contamination des sols, variable selon l'ampleur des précipitations. Les doses moyennes reçues par la population, moins de quelques mSv depuis l'accident dans les zones les plus touchées de l'est de la France, sont faibles, y compris en comparaison de la radioactivité naturelle sauf hypothèses particulières et peu vraisemblables de calcul[30]. L'IRSN a calculé un nombre de cas de cancers de la thyroïde théoriquement imputable à l'accident compris entre 7 et 55 sur la période 1991-2005. Ce chiffre est à comparer aux nombres de cancers dits spontanés chez les enfants, soit 889 ± 60. On pourrait aussi calculer un impact théorique d'environ 3 000 cancers mortels qui se produiraient au cours des décennies qui suivent l'accident, chiffre à comparer aux 150 000 morts par cancers chaque année en France. En l'absence de signature sur l'origine du cancer, de tels effets théoriques ne pourront pas être constatés et validés par l'épidémiologie.

L'identification de l'origine des cancers de la thyroïde est encore compliquée par la croissance de son incidence dans tous les pays développés, notamment aux États-Unis et au Canada, croissance commencée bien avant l'accident de Tchernobyl. Elle est parfois attribuée à l'amélioration et la généralisation des méthodes de détection qui permettent de détecter des petites tumeurs sous-cliniques [32], [36], [37], [38]. Quoi qu'il en soit, le débat sur l'impact de l'accident de Tchernobyl est loin d'être clos comme le montre le rapport établi par Greenpeace en 2006 qui fait état de divergences d'un facteur 100 sur le nombre de décès qui seraient imputables à cet accident [39].

L'accident de Fukushima

L'accident de Fukushima Daiichi, classé au niveau maximal 7 comme celui de Tchernobyl, a été initié le 11 mars 2011 par un puissant séisme de magnitude 9 et un tsunami qui ont dévasté le nord-est du Japon. Les réacteurs 1 à 3 se sont automatiquement arrêtés (les réacteurs 4 à 6 étaient déjà à l'arrêt). Mais le tsunami est venu noyer les installations de secours. La centrale, isolée du réseau électrique extérieur suite aux dégâts causés par le séisme et le tsunami, s'est retrouvée totalement privée de courant électrique et de source froide. L'alimentation électrique des pompes chargées de faire circuler en circuit fermé l'eau de refroidissement des réacteurs et des piscines de stockage de combustibles usés n'était plus assurée. L'eau est montée en température et pression, s'est vaporisée. Les combustibles nucléaires dénoyés se sont dégradés : détérioration de la gaine, formation d'hydrogène, fusion du combustible, dégradation du confinement réacteur. Des rejets de vapeur se sont avérés nécessaires pour limiter les montées en pression dans les réacteurs et les enceintes

30. Des points d'accumulation de la radioactivité ont été constatés plusieurs années après l'accident dans des champignons, du gibier, des chèvres ou des brebis. Les doses maximales à la thyroïde ont pu atteindre la centaine de mSv chez certains enfants.

de confinement. L'hydrogène avec l'air a explosé, détruisant les superstructures. Les rejets, contaminés suite à la fusion des combustibles, se sont dispersés dans l'environnement.

Pour assurer le refroidissement, de grandes quantités d'eau douce ou de mer ont été utilisées. Mais les calories ont été évacuées par évaporation et dissémination de cette eau contaminée dans l'environnement, et non via des échangeurs de chaleur qui normalement permettent le confinement de la radioactivité.

Six mois après l'accident, la situation reste fragile dans la mesure où le refroidissement n'est toujours pas satisfaisant. La contamination est élevée à terre et en mer, et rend difficile le travail des opérateurs.

La population alentour a été évacuée sur 20 km à 30 km. Des conseils de confinement ont été prodigués. Des restrictions de consommation de produits agricoles ou d'eau ont été mises en place.

Le nombre de décès immédiats causés par cet accident majeur est très faible (2 ou 3 morts) comparé aux conséquences naturelles du séisme et du tsunami (plus de 30 000 morts et disparus). Mais comme pour Tchernobyl, la contamination importante de l'environnement et de la mer à proximité constitue un drame éprouvant et durable pour les habitants et pourrait faire craindre l'apparition de maladies similaires à celles rencontrées à Tchernobyl. Il est prématuré de tenter de chiffrer les conséquences sanitaires à terme de cet accident. Mais comme pour Tchernobyl, la contamination de l'environnement est susceptible de constituer un fardeau pour plusieurs années ou décennies. À titre de comparaison, il est utile de noter que la quantité de matière radioactive contenue dans chaque réacteur nucléaire est 100 à 1 000 fois plus importante que celle mise en jeu par les bombes d'Hiroshima et Nagasaki. À Tchernobyl, 10 % du cœur ont été dispersés. Les Japonais estiment qu'à Fukushima les rejets radioactifs seraient 6 à 10 fois moindres qu'à Tchernobyl.

Conclusion

La question des déchets nucléaires a été posée dès le début du développement de l'énergie nucléaire. En fonctionnement normal, cette industrie tire avantage des volumes relativement faibles des déchets. Cela permet par exemple le colisage des produits de fission sous forme vitrifiée stable dans des conteneurs en acier inoxydable.

Les déchets à vie courte et les déchets de très faible activité sont gérés dans des stockages surveillés qui ne présentent pas de danger pour la population. Les déchets les plus actifs, d'un volume 10 fois plus faible, sont gérés dans des entrepôts industriels.

Pour ces derniers, le facteur temps est un paramètre essentiel. Il faut par exemple deux à trois siècles pour que les produits de fission cessent d'avoir un dégagement thermique important. Les pays qui prônent le stockage direct des combustibles commencent par entreposer leurs combustibles pendant plusieurs décennies (une durée proche du siècle est parfois évoquée). Quand à ceux qui recyclent, il faut dix à quinze ans pour qu'un combustible neuf passe en réacteurs et que les noyaux à recycler se retrouvent dans un nouveau combustible. Durant le passage en réacteur, destruction et production nouvelle se combinent. En bilan net, seule une fraction des noyaux est consommée, variable selon les éléments et les isotopes considérés[31]. La gestion par recyclage s'étale donc sur plusieurs cycles, c'est-à-dire également sur plusieurs décennies.

C'est dans ce contexte temporel étendu que les filières de gestion des déchets radioactifs à vie longue et haute activité se mettent progressivement en place. Il laisse la place à des diversités d'approche sur le calendrier des opérations successives. Mais seul le stockage géologique semble à même de fournir un exutoire satisfaisant aux déchets ultimes. Cette étape ultime des filières de gestion est étudiée par tous les pays concernés.

Désormais, suite aux accidents de Tchernobyl et de Fukushima, le secteur nucléaire doit également mieux prendre en compte les risques et les conséquences d'une contamination de l'environnement. Et en réduire significativement la probabilité.

31. En moyenne 5 % des actinides contenus dans un combustible sont consommés lors du passage en réacteur, avec des écarts allant de 4-5 % pour cent (cas de ^{238}U majoritaire dans les combustibles) à 85 % (cas de ^{235}U) en passant par 25 % (valeur nette de consommation des transuraniens dans un Mox).

Chapitre 4
L'effet de serre

De nombreuses pollutions peuvent être perçues par un ou plusieurs de nos cinq sens. On peut ainsi en évaluer directement les désagréments. On leur attache alors une importance qui n'est pas nécessairement en rapport avec celle qu'elles ont réellement sur notre santé ou sur les équilibres naturels. D'autres changements sont plus insidieux car on ne les remarque pas mais ils peuvent avoir, à long terme, des conséquences importantes. C'est en particulier le cas de l'accroissement de l'*effet de serre* dû aux activités humaines. Il ne nous gêne pas dans la vie de tous les jours mais il pourrait avoir, si nous ne le maîtrisons pas, de graves conséquences sur le climat de la planète. Une bonne partie de cette augmentation de l'effet de serre vient de l'utilisation des combustibles fossiles. Nous allons donner ici quelques notions sur ce sujet et renvoyons le lecteur aux excellents ouvrages [40], [41], [42] pour des développements plus élaborés.

Les premières descriptions de l'effet de serre remontent à 1827 et, en 1895, le chimiste suédois Arrhenius calcule qu'un accroissement de la concentration en CO_2, issu de l'utilisation des combustibles fossiles, est susceptible de réchauffer l'atmosphère.

Un effet naturel

L'énergie par unité de temps et de surface, c'est-à-dire la puissance par unité de surface, qui arrive au sommet de l'atmosphère terrestre, perpendiculairement à l'axe joignant le centre de la terre à celui du soleil, vaut environ 1 368 W/m^2. On désigne cette quantité sous le nom de *constante solaire*[32] . La puissance reçue par notre planète dépend de la surface de celle-ci vue du soleil. Comme c'est un cercle de rayon R_T, sa surface vaut πR_T^2. Toutefois, la terre est une sphère, de surface $4\pi R_T^2$, qui tourne régulièrement sur elle-même, et un lieu donné passe par une succession de jours et de nuits. La puissance *moyenne* par unité de surface reçue au sommet de l'atmosphère terrestre est donc égale au rapport de ces deux quantités, soit le quart de ce qui arrive sur le cercle de rayon R_T, c'est à dire 342 W/m^2. Il s'agit bien sûr d'une moyenne. La puissance reçue en un lieu donné peut notablement différer de cette valeur. Ainsi, on reçoit plus d'énergie par unité de surface à l'équateur que près des pôles.

Si la terre n'avait pas d'atmosphère, sa température moyenne serait de –18 °C. L'eau ne serait pas sous forme liquide, et la vie ne se serait pas développée sous la forme que nous connaissons. Heureusement, notre planète possède une atmosphère contenant des gaz, qui, bien qu'en faibles quantités, permettent à la terre de se réchauffer par effet de serre. Cet effet nous est familier : c'est celui que l'on observe dans une voiture laissée au soleil avec les vitres fermées. On l'explique par le fait que les vitres sont transparentes au rayonnement solaire visible mais opaques au rayonnement infrarouge. L'énergie lumineuse visible passe donc au travers des vitres avant d'être absorbée par les objets situés à l'intérieur de la voiture. Ceux-ci réémettent une partie de cette énergie sous forme de rayonnement infrarouge dont une partie ne peut plus traverser la vitre et chauffe l'habitacle. C'est aussi sur ce principe que fonctionne la serre du jardinier. Au niveau de l'atmosphère terrestre, certains gaz, présents en faible quantité, absorbent une partie de ce rayonnement infrarouge alors qu'ils sont en grande partie transparents au rayonnement solaire direct. Ils chauffent l'atmosphère qui va rayonner à son tour des infrarouges vers l'espace et vers la terre. La température moyenne au niveau du sol est alors de 15 °C au lieu des –18 °C que l'on aurait sans cet effet de serre naturel (figure 4.1).

Revenons aux 342 W/m^2 du rayonnement solaire qui arrivent en moyenne au sommet de l'atmosphère terrestre. Un tiers de cette puissance (107 W/m^2) est réfléchi vers l'espace : par les nuages et par les couches

32. Bien que qualifiée de constante, celle-ci varie un peu au cours du temps. Ces variations sont dues à l'activité cyclique du soleil, à l'apparition de taches solaires et de zones plus brillantes, aux variations de la distance terre-soleil. À la naissance de la terre, il y a environ 4,5 milliards d'années, la puissance émise par le soleil n'était que les trois quarts de ce qu'elle est actuellement.

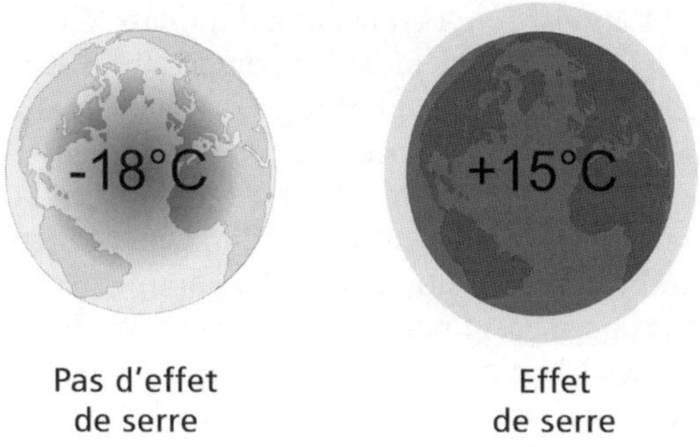

Figure 4.1 Conséquence de l'effet de serre naturel.

de l'atmosphère d'une part[33] (77 W/m^2), par la surface de la terre d'autre part (30 W/m^2). Les 235 W/m^2 restants sont transformés en chaleur : l'atmosphère et les nuages en absorbent 67 W/m^2 et la surface terrestre 168 W/m^2 [40], [43] (figure 4.2).

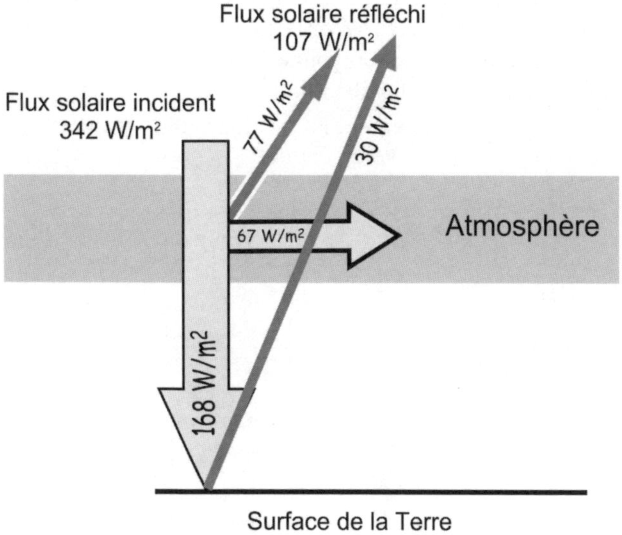

Figure 4.2 Le flux solaire incident au sommet de l'atmosphère est de 342 W/m^2.

La figure montre comment il se répartit sans tenir compte de l'effet de serre. Ainsi, 107 W/m^2 sont réfléchis vers l'espace (77 W/m^2 par l'atmosphère et 30 W/m^2 par la surface de la Terre) et 168 W/m^2 atteignent le sol et sont absorbés.

33. La réflexion du rayonnement solaire vers l'espace est due prioritairement aux nuages (60 à 70 W/m^2)

La Terre et l'atmosphère rayonnent aussi, mais leurs émissions se situent dans l'infrarouge lointain car leur température est beaucoup plus faible que celle du soleil. Notre planète est dans un état stationnaire qui se traduit par le fait que la puissance reçue du soleil est aussi celle qu'elle émet dans l'espace, soit 342 W/m^2. Si ce n'était pas le cas, la température moyenne de notre planète augmenterait ou diminuerait au cours du temps jusqu'à atteindre cet état stationnaire. Au sommet de l'atmosphère, 235 W/m^2 de rayonnement infrarouge doivent donc être émis vers l'espace pour compléter les 107 W/m^2 de rayonnement solaire déjà réfléchis. Ces 235 W/m^2 ont deux origines. Il s'agit d'une part de la fraction de rayonnement infrarouge de la terre qui n'est pas arrêtée par l'atmosphère, d'autre part de la fraction du rayonnement infrarouge de l'atmosphère dirigé vers l'espace.

La Terre, à la température moyenne de 15 °C, émet 390 W/m^2. La majeure partie, 90 % soit 350 W/m^2, est absorbée par l'atmosphère (c'est l'origine de l'effet de serre). Le reste, soit 40 W/m^2, quitte la planète vers l'espace. L'atmosphère, chauffée par ce rayonnement de la terre et par le rayonnement solaire direct (67 W/m^2), émet aussi dans l'infrarouge selon sa température. L'atmosphère rayonne ainsi 195 W/m^2 vers l'espace et 324 W/m^2 vers la terre qui les absorbe.

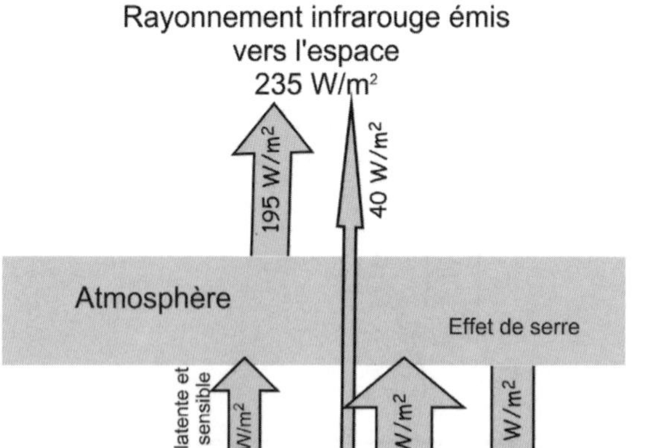

Figure 4.3 Flux émis par la surface terrestre.

Le flux d'énergie émis par la surface de la terre dépend de sa température. Une partie de ce flux (452 W/m^2) est capturée par l'atmosphère qui rayonne dans toutes les directions, notamment vers la Terre ce qui crée l'effet de serre. La conséquence de ce dernier est d'augmenter la température moyenne à la surface de la Terre qui passe ainsi de –18 °C à +15 °C.

On peut vérifier aisément qu'avec ces données sur le rayonnement, les flux d'énergie entant et sortant de la planète sont équilibrés. Mais ils ne le sont pas entre la terre et l'atmosphère. La surface terrestre a en effet reçu 168 W/m² (soleil) + 324 W/m² (infrarouge atmosphérique) = 492 W/m², alors qu'elle n'a émis que 390 W/m² sous forme de rayonnement infrarouge, soit un écart de 102 W/m². La raison en est que l'échange de ces 102 W/m² entre la terre et l'atmosphère ne se fait pas par rayonnement, mais par conduction et par évaporation. Par conduction, la terre chauffe directement l'air à partir du sol comme on chauffe l'eau d'une casserole posée sur une plaque chauffante (24 W/m²). Par évaporation, la terre transfère 78 W/m² et participe ainsi au cycle de l'eau. Ceci est résumé dans la figure 4.3.

La surface du globe est recouverte pour 70 % par les océans. Il faut fournir la chaleur latente pour passer de l'état liquide à l'état gazeux. L'évaporation consomme donc beaucoup d'énergie, si bien que la surface se refroidit. C'est le même phénomène que l'on observe lorsque l'on sort d'un bain avant de s'essuyer. On a une sensation de froid car l'eau, en s'évaporant, refroidit notre corps. De même, notre organisme sue et évapore de l'eau quand le climat est caniculaire. Arrivée dans l'atmosphère, la vapeur d'eau, en se condensant, y transfère sa chaleur latente. L'atmosphère chauffée (67 + 350 + 102 = 519 W/m²) peut rayonner de grandes quantités d'infrarouge (195 + 324 = 519 W/m²).

Les gaz à effet de serre

Les gaz responsables de l'effet de serre naturel sont la vapeur d'eau pour environ la moitié, suivie, par ordre d'importance, du gaz carbonique CO_2, du méthane CH_4, de l'ozone O_3 et de l'oxyde nitreux N_2O (figure 4.4).

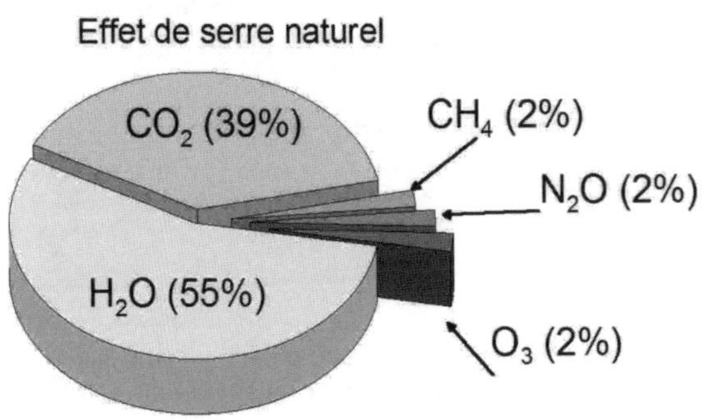

Figure 4.4 Contribution des différents gaz à l'effet de serre naturel, avant impact des activités humaines.

Les nuages (gouttelettes d'eau ou particules de glace en suspension dans l'air) jouent aussi un rôle dans l'effet de serre naturel. Parmi les composés contribuant à accroître l'effet de serre, il convient donc de distinguer les gaz, qui se répartissent de manière homogène et persistante, de ceux qui n'ont qu'une action locale. Le CO_2, le CH_4, l'oxyde nitreux et les composés halogénés (synthétisés par l'homme) appartiennent à cette première catégorie. D'autres composés jouent aussi un rôle sur l'intensité de l'effet de serre. Nous y reviendrons.

Un grand nombre d'informations et de données sur l'effet de serre et sur l'évolution du système climatique sont données par le GIEC[34]. Nous utiliserons dans la suite les données que ce groupe a publiées dans ses rapports de 2002 et 2007.

L'eau

L'eau peut exister sous trois états dans l'atmosphère : solide, liquide ou gaz. La vapeur d'eau constitue, en moyenne, environ 0,4 % de l'atmosphère terrestre (de l'ordre de 0,1 % en Sibérie à 5 % dans les régions maritimes équatoriales). C'est un gaz qui joue un rôle important pour l'effet de serre naturel puisqu'il est responsable de la moitié de l'élévation de la température moyenne de la terre. La vapeur d'eau est produite naturellement par l'évaporation (cycle de l'eau), la transpiration et la respiration. Sa teneur maximale dans l'atmosphère augmente quand la température augmente.

L'homme ne perturbe que très faiblement le cycle de l'eau au niveau global par ses activités (moins de 0,003 %). De plus, la vapeur d'eau ne s'accumule pas dans l'atmosphère et si sa concentration dépasse une certaine limite, elle retombe sur le sol, la plupart du temps sous forme de pluie. Le recyclage complet de l'eau contenue dans l'atmosphère se fait en quelques semaines grâce à la pluie, la neige et par l'évaporation des sols.

Le GIEC estime que les perturbations apportées par l'homme à l'effet de serre via le cycle de l'eau sont très faibles (moins de +0,1 W/m^2).

34. Groupe intergouvernemental sur l'évolution du climat. C'est une organisation de pays dont le rôle est d'expertiser et de synthétiser l'information scientifique, technique et économique qui concerne le risque de changement climatique induit par l'homme. On trouvera beaucoup d'informations sur leur site Internet (http://www.ipcc.ch).

Les gaz à effet de serre persistants

Il y a deux siècles, donc avant l'ère préindustrielle, un m^3 d'air, soit 1 million de cm^3, contenait environ 280 cm^3 de CO_2, 0,71 cm^3 de méthane CH_4 et 0,27 cm^3 d'oxyde nitreux. En 2005, ce même volume d'air contenait 379 cm^3 de CO_2, 1,77 cm^3 de CH_4 et 0,32 cm^3 d'oxyde nitreux [43]. Il est d'usage d'évaluer les concentrations de gaz en ppm[35] ou ppb. Cela veut dire qu'entre 1750 et 2005 on est passé de 280 ppm à 379 ppm pour le CO_2, de 715 ppb à 1 774 ppb pour le CH_4 et de 270 ppb à 319 ppb pour le N_2O. D'autres gaz artificiels comme les composés halocarbonés, les hydrocarbures perfluorés et l'hexafluorure de soufre, qui n'existaient pas en 1750, sont également apparus [42], [43].

La concentration du gaz carbonique (CO_2) dans l'atmosphère (379 ppm) est aujourd'hui la plus forte valeur depuis 650 000 ans et, peut-être, depuis les vingt derniers millions d'années[36]. L'accroissement de l'effet de serre dû à l'augmentation du CO_2 est de +1,7 W/m^2, soit 63 % de l'accroissement imputable aux gaz à effets de serre persistants présents dans l'atmosphère terrestre. Entre 1960 et 2005, le rythme annuel de croissance de la concentration du CO_2 dans l'atmosphère a été en moyenne de 0,4 % par an, soit 1,4 ppm par an. Ce rythme s'accélère (1,9 ppm par an entre 1995 et 2005). La photosynthèse et les océans absorbent une partie du CO_2 présent dans l'atmosphère, mais cela ne compense pas les émissions. L'accroissement de la concentration de CO_2 depuis le début de l'ère industrielle est dû en grande partie à l'utilisation des combustibles fossiles (environ les trois quarts) et, pour une plus faible part, à un changement de l'utilisation des sols où le déboisement représente une contribution importante.

La concentration de méthane (1 774 ppb) est aujourd'hui la plus élevée des 650 000 dernières années. Elle est passée d'environ 715 ppb en 1750 à 1 774 ppb en 2005, soit une augmentation de 148 %. L'accroissement de l'effet de serre dû au méthane est de +0,5 W/m^2, soit une contribution de 18 % à l'accroissement de l'effet de serre dû aux gaz persistants. Les émissions de méthane proviennent pour moitié du milieu naturel (des

35. 1 ppm = 10^{-6}, une partie par million. 1 ppb = 10^{-9}, une partie par milliard. Ces concentrations sont exprimées en moles de gaz par mole d'air. Comme une mole de gaz dans les mêmes conditions de température et de pression occupe le même volume (22,4 litres dans les conditions dites normales), on utilise parfois le ppmv, qui signifie 1 partie par million en volume mais qui est la même chose que la définition donnée ci-dessus.

36. La concentration était de 367 ppm en 1999. L'augmentation a été de 12 ppm en 6 ans alors qu'en 8000 ans, avant l'ère préindustrielle, cet accroissement a été de 20 ppm.

terres humides comme les marécages par exemple) et pour moitié des activités humaines (rizières, processus de digestion des animaux, fuite de gaz naturel, extraction des combustibles fossiles, décharge à l'air libre...).

La concentration en oxyde nitreux (N_2O) est passée d'environ 270 ppb en 1750 à 319 ppb en 2005, soit une augmentation de 18 % et une contribution de +0,16 W/m^2 à l'accroissement de l'effet de serre. L'oxyde nitreux d'origine naturelle provient pour un tiers des océans, le reste des sols. La hausse de sa concentration atmosphérique est essentiellement due à l'agriculture (utilisation d'engrais azotés, combustion de la biomasse, élevage, industrie...).

Les gaz halocarbonés présents dans l'atmosphère sont d'origine humaine. Ce sont des composés carbonés dont certains atomes d'hydrogène, voire tous, ont été remplacés par des atomes d'halogènes : fluor, chlore, brome et iode. Il y a dans cette famille les CFC, ou chlorofluorocarbones, les halons, etc. Ces gaz contribuent non seulement à l'accroissement de l'effet de serre, mais certains (CFC) détruisent aussi la couche d'ozone stratosphérique qui protège la terre contre les rayons ultraviolets les plus dangereux du soleil. Le protocole de Montréal a décidé, en 1987, l'interdiction progressive de l'utilisation des CFC qui entraient notamment dans les circuits de réfrigération et de climatisation. Néanmoins, les anciens appareils peuvent encore en relâcher dans l'atmosphère. Certains des produits de substitution des CFC, même s'ils n'attaquent pas la couche d'ozone, sont des gaz à effet de serre. Aux produits halocarbonés s'ajoutent d'autres composés, comme le SF6 par exemple, qui ont un fort pouvoir de réchauffement climatique. Bien qu'en très faibles concentrations[37], tous ces composés contribuent pour 0,34 W/m^2 à l'accroissement de l'effet de serre, soit 13 % de l'accroissement imputable aux gaz persistants.

En résumé, l'augmentation de tous ces gaz à effet de serre à longue durée de vie dans l'atmosphère a pour effet d'accroître l'effet de serre naturel de +2,64 W/m^2, soit +1,64 W/m^2 pour le CO_2, +0,48 W/m^2 pour le CH_4, +0,16 W/m^2 pour le N_2O, +0,34 W/m^2 pour les hydrocarbures halogénés.

37. 268 ppt (partie par trillion, soit 0,001 ppb) pour le CFC-11 (chlorofluorocarbone-11), 14 ppt pour le HFC-23 (hydrofluorocarbone-23), par exemple [43].

Les aérosols

L'atmosphère contient des fines particules en suspension que l'on appelle des aérosols. Les nuages, constitués de gouttelettes d'eau ou de glace, en sont un exemple. Les fumées et les poussières émises par un véhicule, par un feu de forêt ou de savane en sont un autre. Ces aérosols peuvent être transportés sur de très grandes distances. Ainsi, des particules de sable enlevées par le vent au Sahara arrivent parfois jusqu'en France où on peut les observer sur les automobiles en stationnement. Les volcans sont aussi une source importante d'aérosols qui sont émis de façon sporadique. Leurs poussières atteignent parfois la stratosphère et y séjournent pendant deux ou trois ans comme ce fut le cas lors de l'éruption du Pinatubo en Indonésie. Contrairement aux gaz à effet de serre, les aérosols ont un effet contraire : ils diminuent celui-ci. En effet, ils arrêtent une partie de l'énergie solaire arrivant sur la terre.

L'homme, par ses activités, génère aussi des aérosols en grande quantité et perturbe par là même le climat (sulfates, carbone organique, carbone noir, nitrates, poussières). C'est le cas des transports, du déboisement, des constructions, qui sont autant d'activités qui génèrent des poussières. Il en est de même de l'agriculture intensive où le vent emporte de la terre labourée. L'industrie est aussi une source importante d'aérosols. Même les pays du sud, qui pourtant consomment peu, produisent des aérosols lors de la combustion du bois qui sert à faire la cuisine. En période de sécheresse, où la pluie ne peut laver ces aérosols, on observe de gigantesques nuages de poussières et de fumées comme c'est le cas en hiver sur la moitié Nord de l'océan Indien. Cette pollution, qui s'étend sur une grande surface, entraîne, dans cette région, un déficit d'insolation moyen d'environ 15 W/m^2 au niveau de la mer.

Les principaux aérosols provenant des activités humaines sont issus de la combustion des combustibles fossiles ou de la biomasse. Lors de leur combustion, on génère aussi du gaz sulfureux SO_2 qui produit des retombées acides et des aérosols de sulfates.

Le GIEC a donné quelques estimations des effets des aérosols [43]. On estime qu'ils contribuent pour –0,5 W/m^2 à l'effet de serre (un signe moins car il s'agit ici d'une diminution). Pour les aérosols en provenance de la biomasse, l'effet est aussi négatif (–0,2 W/m^2). Ceux en provenance de la combustion des combustibles fossiles ont une contribution négative lorsqu'il s'agit de composés organiques (–0,1 W/m^2) ou positive s'il s'agit de composés carbonés noirs) (+0,2 W/m^2). À ces contributions directes s'ajoute le fait que les aérosols ont un effet indirect, dont on a du mal à estimer l'ampleur, en modifiant les nuages (–0,7 W/m^2). Au total les aérosols diminuent de –1,2 W/m^2 l'effet de serre.

Autres contributions

L'ozone (O_3) est un composé chimique très réactif présent dans la stratosphère et dans la troposphère. La stratosphère se situe à une altitude comprise entre 13 et 50 km du sol. Elle contient la couche d'ozone et sa température augmente avec l'altitude. La troposphère est la partie basse de l'atmosphère, en contact avec la surface de la terre ; sa température diminue avec l'altitude.

L'ozone de la stratosphère se forme sous l'action des rayons ultraviolets. Sa concentration présente un maximum très marqué entre 20 et 25 km d'altitude, ce qui fait dire abusivement qu'il forme une couche. L'ozone permet de filtrer les rayons ultraviolets de courte longueur d'onde reçus du soleil et protège les êtres vivants de ceux-ci. Il absorbe pratiquement tous les ultraviolets dont la longueur d'onde est inférieure à 255 nm. La plus grande partie de l'ozone est produite au-dessus de l'équateur. Il diffuse ensuite vers les pôles où il s'accumule. La concentration d'ozone varie entre le jour et la nuit ainsi que selon les saisons. Dans chaque hémisphère, la concentration est minimale en fin d'hiver et au début du printemps.

L'ozone de la troposphère est synthétisé par des réactions photochimiques impliquant des précurseurs qui sont émis par les combustibles fossiles ou la combustion de la biomasse : oxydes d'azote, monoxyde de carbone, hydrocarbures. C'est un composé chimique très réactif, donc toxique, qui séjourne dans la troposphère de quelques heures à quelques jours. La pollution locale qu'il occasionne peut se déplacer. Ainsi, il peut y avoir une pollution à l'ozone aux alentours de Paris alors que celui-ci a été produit dans la capitale, voire en Belgique ou en Allemagne. Outre sa toxicité chimique, l'ozone est aussi un gaz à effet de serre.

L'impact des activités humaines sur les concentrations d'ozone dans l'atmosphère et surtout dans la troposphère est un accroissement de l'effet de serre de +0,3 W/m^2.

L'utilisation faite par l'homme des terres, en modifiant l'albédo[38] de la surface du sol, diminue légèrement l'effet de serre (-0,2 W/m^2). Mais le carbone noir déposé sur la neige l'augmente (+0,1 W/m^2).

Un autre effet, naturel cette fois-ci, a aussi légèrement accru l'effet de serre. Il s'agit de l'évolution du rayonnement solaire qui a augmenté notamment lors de la première moitié du XXe siècle. Comparé à 1750, cet effet serait de 0,12 W/m^2. Par contre, la contribution des éruptions vol-

38. L'albédo désigne la fraction du rayonnement solaire réfléchi par une surface ou un objet.

caniques donne un effet négatif sur l'effet de serre qui peut durer quelques années. Au total, pour les 20 dernières années, les effets naturels se sont soldés par un effet négatif sur l'effet de serre.

Bilan

Si l'on somme les contributions à la fois positives et négatives, le GIEC a estimé, en 2007, que l'accroissement global de l'effet de serre imputable aux activités humaines était de +1,6 W/m^2, avec une fourchette d'incertitude allant de +0,6 à +2,4 W/m^2. Cet accroissement est calculé par rapport à la situation estimée existant en 1750.

Par comparaison l'accroissement de l'effet de serre imputable aux évolutions naturelles est estimé à +0,1 W/m^2, avec une fourchette d'incertitude allant de 0 à +0,3 W/m^2.

Intercomparaisons

Certains gaz (CO_2, CH_4, N_2O...), présents dans l'atmosphère terrestre, augmentent l'effet de serre car ils absorbent une partie du rayonnement infrarouge émis par notre planète. L'intensité de cette absorption et les longueurs d'ondes concernées dépendent de la nature du gaz, de sa concentration et de la présence d'autres gaz à effet de serre. Pour évaluer l'impact d'un gaz par rapport à un autre, nous introduirons la notion de *pouvoir de réchauffement global* , notée P_{RG}. C'est une notion très imparfaite dont le seul mérite est de permettre de comparer l'impact climatique de gaz différents. L'idée est d'évaluer, pour une masse de gaz donnée, le pouvoir de réchauffement global pendant une durée fixée par convention [40]. On prend généralement 20 ans, 100 ans et 500 ans, l'incertitude de la comparaison augmentant avec la durée. Nous prendrons 100 ans pour illustrer ce propos [43].

Le P_{RG} est évalué par rapport au gaz carbonique qui est choisi comme référence : $P_{RG}(CO_2) = 1$. Pour le méthane on a : $P_{RG}(CH_4) = 23$, ce qui signifie que si l'on relâche 1 kg de méthane dans l'atmosphère, il aura produit, au bout de 100 ans, le même impact climatique que 23 kg de CO_2. C'est donc un gaz plus pénalisant pour le réchauffement. De même, le P_{RG} du N_2O vaut 296 et celui des CFC est compris entre 5 700 et 11 900. Le gaz le plus nocif pour l'effet de serre est le SF_6. Son P_{RG} vaut 22 200. Si l'on regarde maintenant l'évolution du P_{RG} avec la durée prise (20 ans, 100 ans et 500 ans), on s'aperçoit que celui-ci diminue dans le cas du méthane (respectivement 62, 23 et 7 pour 20, 100 et 500 ans) ou du N_2O, alors qu'il augmente pour le SF_6 (respectivement 15 100, 22 200 et 32 400 pour 20, 100 et 500 ans). Ceci est lié au temps de séjour du gaz à effet de serre considéré dans l'atmosphère. Si son temps de séjour est plus court que celui du CO_2, son P_{RG} diminuera avec le temps. S'il reste plus longtemps que le CO_2, son P_{RG} augmentera avec la durée. La capacité d'élimination d'un gaz dépend de sa réactivité chimique. Plus elle est faible, plus il reste longtemps dans l'atmosphère.

Lorsque l'on parle d'émission de gaz carbonique, on l'exprime soit en quantité de CO_2 émise soit en quantité de carbone correspondante. La masse moléculaire du CO_2 étant 44 g/mole et la masse atomique du carbone (C) de 12 g/mole, il y a un rapport 44/12 entre les deux. Ainsi 4,4 tonnes de CO_2 sont équivalentes à 1,2 tonne de C.

Pour évaluer l'impact climatique d'un processus, qu'il soit industriel ou autre, on utilise le P_{RG} pour ramener l'ensemble des émissions à un équivalent carbone selon les règles décrites ci-dessus.

Origine des émissions anthropiques

On qualifie d'émissions *anthropiques* celles qui sont dues aux activités humaines.

Compte tenu des incertitudes pour évaluer les émissions et comparer les effets des différents gaz à effet de serre, les chiffres que nous allons donner doivent être considérés comme des ordres de grandeur. Les émissions annuelles mondiales de gaz à effet de serre dues aux activités humaines sont passées de 8 Gt (gigatonnes ou milliards de tonnes) d'équivalent carbone en 1970 à 14 Gt en 2004. Sur celles-ci, le gaz carbonique représente presque 10 Gt de carbone dont les trois quarts sont émis par la seule utilisation des combustibles fossiles, le quart restant provenant principalement de la déforestation. Environ la moitié de ces émissions est absorbée d'une part au sein des océans, dont l'acidité des couches superficielles augmente, d'autre part dans les sols, via la photosynthèse.

Un Français émet, en moyenne, 2,7 tonnes d'équivalent carbone par an dont 1,8 tonne en provenance du CO_2. Si l'on tient compte des puits de carbone, c'est-à-dire des systèmes naturels comme la biomasse qui consomment du CO_2, on descend à 2,2 tonnes d'équivalent carbone par habitant et par an [40]. À titre de comparaison, un habitant des États-Unis émet environ 6,7 tonnes d'équivalent carbone par an et un habitant de la Chine près d'une tonne. En Europe, l'Allemagne et les Pays-Bas, pour ne citer que deux exemples, émettent respectivement environ 3,5 et 4,1 tonnes d'équivalent carbone par habitant et par an, soit beaucoup plus qu'un Français.

Au niveau mondial, la première source de gaz carbonique provient de la production d'énergie électrique. L'industrie arrive en seconde position et les transports en troisième (figure 4.5). Ce n'est pas le cas en France car près de 90 % de notre production électrique sont issus de l'énergie nucléaire et de l'hydraulique qui n'émettent pas de CO_2 en fonctionnement.

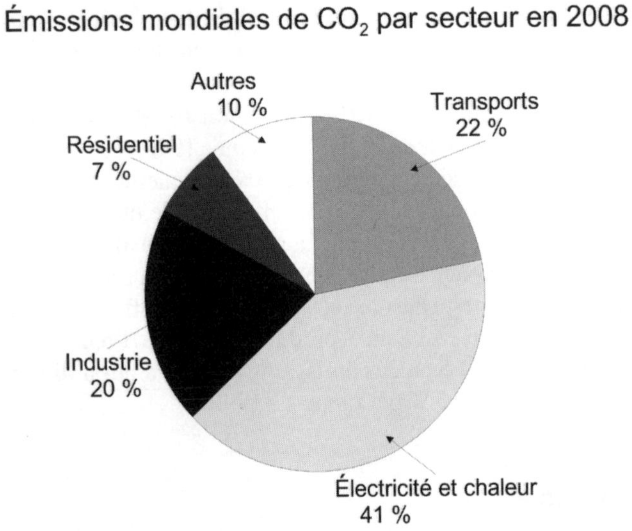

Figure 4.5 Émissions mondiales de CO_2 en 2008 issues des activités humaines. Le secteur industrie n'inclut pas les activités de production d'électricité et de chaleur. Le secteur « autres » comprend les activités tertiaires, l'agriculture, les forêts, etc.

Voyons plus précisément le cas de la France [44]. Les émissions de gaz à effet de serre, évaluées en P_{RG}, sont, en 2006, inférieures de 3,9 % à celles de 1990 si l'on ne tient pas compte des puits de carbone. Avec ceux-ci, elles ont baissé de 9,9 %.

En France, les transports arrivent en première position et sont responsables de plus du quart des émissions (26 %). La majeure partie (92 %) en est dû aux transports routiers, très loin devant les autres modes : 4 % pour le transport aérien, 0,5 % pour le transport ferroviaire. La très faible contribution à l'effet de serre en France de ce dernier mode de transport est en cohérence avec l'origine essentiellement nucléaire et hydraulique de l'énergie électrique utilisée. Les pays qui utilisent les combustibles fossiles pour faire fonctionner les trains, ou pour produire l'électricité qui les alimente, polluent évidemment beaucoup plus. En 2006 par rapport à 1990, le secteur des transports a accru ses émissions de 20 %.

Trois autres secteurs d'activité en France ont des contributions voisines à l'effet de serre : les secteurs du résidentiel-tertiaire, de l'industrie et de l'agriculture. Le secteur résidentiel-tertiaire (19 %) a des émissions de CO_2 qui proviennent aux deux tiers des habitations (utilisation de combustibles fossiles pour le chauffage). Les autres gaz à effet de serre tels que les composés fluorés, les solvants et les produits divers issus des traitements de surface ou la peinture contribuent modérément aux émissions de ce secteur (6 %). Au total, les émissions de ce secteur sont en augmentation (+17 % depuis 1990).

L'industrie manufacturière (21 %) et l'industrie de l'énergie (13 %) ont au contraire diminué leurs émissions depuis 1990, respectivement de –24,5 % et –8,8 %. Le secteur agricole (19 %) a également des émissions en baisse (–11,3 %) depuis 1990. Les émissions de méthane et de protoxyde d'azote liées à l'élevage et à l'agriculture intensifs sont à l'origine d'une moitié de l'impact, à équivalence avec le CO_2 produit notamment par les engins agricoles. Dans ce secteur est inclus l'effet favorable de la sylviculture (forêts en croissance, production de bois d'œuvre). Enfin le secteur des déchets (2,5 % des émissions totales) a aussi diminué ses émissions de près de –15 % par rapport à 1990).

Le facteur 4

La France s'est engagée à diviser par 4 ses émissions de CO_2 à l'horizon 2050. Est-ce un objectif possible ? Plusieurs études montrent qu'il y a des solutions mais leur application dans la vie réelle est sans doute plus difficile que dans un monde parfait.

Pourquoi un « facteur 4 » ? Limitons-nous à des ordres de grandeur. Les émissions de CO_2 par l'humanité sont en gros deux fois supérieures à ce que la nature (océan + sol) peut absorber. Un habitant de la planète émet en moyenne 1 tonne de carbone[39] par an sous forme de CO_2 mais un Français en émet le double. Pour stabiliser les émissions (c'est-à-dire émettre autant que ce que la nature peut absorber), il faut diviser par 2 les émissions mondiales de CO_2, ce qui correspond, pour la France, à diviser les siennes par 4. Si tous les gens étaient égaux il faudrait que chaque personne n'émette pas plus de 500 kg de carbone par an, soit la quantité émise par une petite voiture parcourant une dizaine de milliers de kilo-

39. On peut faire les évaluations en masse de carbone (C) ou de gaz carbonique (CO_2). On a la correspondance 1 g de C = 3,7 g de CO_2.

mètres… Actuellement, seuls les pays les plus pauvres comme le Bengladesh, par exemple, sont au-dessous de cette limite.

Il est intéressant de regarder l'évolution des émissions de CO_2 en France depuis deux siècles (figure 4.6). Elles croissent régulièrement avec l'augmentation du niveau de vie mais ont connu trois creux importants avec une diminution notable. Les deux creux correspondent aux deux guerres mondiales (1914-1918 et 1939-1945), le troisième au démarrage du nucléaire pour produire de l'électricité. Les guerres sont des périodes où l'activité économique est fortement ralentie. Par conséquent, les émissions de CO_2 ont fortement baissé. La décroissance suivie d'un plateau correspond au démarrage des centrales nucléaires depuis les années 1980 (58 réacteurs nucléaires répartis sur 19 sites – centrales – de production). N'émettant pas de $CO_{2,}$ elles ont fait chuter les émissions. On constate aussi que la France a, pendant la seconde guerre mondiale, divisé par 4 ses émissions de gaz carbonique comparée à la situation d'avant-guerre. Sachant ce que cela impliquait (des tickets de rationnements à la misère…), cette constatation historique relativise la possibilité de réduire facilement d'un facteur 4 nos émissions de CO_2, même si nous gaspillons aujourd'hui plus l'énergie que dans les années 1930-40.

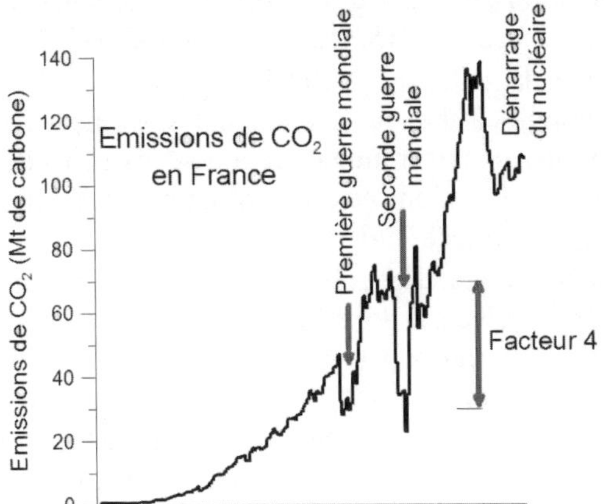

Figure 4.6 Émissions de CO_2 en France au cours du temps. Données CEA.

Si un facteur 4 est un objectif démesuré, tentons grossièrement d'en estimer un plus réalisable. L'énergie finale consommée en France se répartie très schématiquement ainsi : 500 TWh sous forme d'électricité, 500 TWh sous forme de combustibles (pétrole essentiellement) pour les transports et presque 1 000 TWh sous forme de combustibles (pétrole et gaz essentiellement) pour le reste qui est surtout de la chaleur (notamment pour le chauffage et la production d'eau chaude sanitaire). Ces 1 000 TWh sont consommés aux deux tiers par le résidentiel et le secteur tertiaire, et pour un tiers dans l'industrie. Quelles réductions peut-on espérer raisonnablement ?

Comme 90 % de l'électricité est produite par l'hydraulique et le nucléaire, sans émission de gaz à effet de serre, on peut au mieux gagner 10 %, en complétant le parc de production avec des énergies renouvelables et du nucléaire. Cela va dans le bon sens car on aura besoin de plus d'électricité dans le futur pour de nouveaux usages comme les pompes à chaleur, les véhicules hybrides rechargeables ou électriques dont les batteries seront rechargées aux heures creuses.

Des estimations faites dans [7] montraient que 30 % de l'énergie totale pourrait être substituée par de l'électricité car la majeure partie des trajets effectués dans la vie courante ne dépassent pas quelques dizaines de kilomètres par jour et pourraient être couverts en mode électrique. De plus les biocarburants de deuxième génération ou issus de la biomasse marine pourraient représenter 20 % de l'énergie consommée dans les transports. Toutefois, bien que des développements soient en cours, nous sommes encore loin d'un stade industriel à grande échelle.

La production de chaleur peut faire de gros progrès, grâce à l'utilisation massive des pompes à chaleur, l'isolation des bâtiments, une meilleure maîtrise de l'énergie consommée, de nouveaux procédés industriels moins gourmands, etc. Dans ce domaine en revanche, un facteur 4 est déjà possible avec les technologies existantes.

Au total, si l'on combine les gains que l'on peut faire pour la production d'électricité (10 %), dans le domaine des transports (50 %) et dans celui de la chaleur (75 %) pondéré par les consommations respectives, on arrive à environ 50 %, soit un facteur 2.

Ceci ne concerne que l'énergie finale. Sachant que le passage de l'énergie primaire, *i.e.* avant transformation, à l'énergie finale, subit environ 40 % de pertes, le gain en termes d'énergie primaire est moins important. On peut essayer de les réduire mais certaines sont inhérentes aux lois physiques qu'il est impossible de violer. Ainsi, l'une d'entre elle, le principe de Carnot donne le rendement maximal que l'ont peut obtenir lorsque l'on utilise une source chaude et une source froide pour produire de l'électricité ou de l'énergie mécanique.

Ainsi, si dans le domaine énergétique, un facteur 2 sur les émissions est techniquement atteignable moyennant des innovations dont certaines sont en cours de développement, il est peu probable que la population française accepte les contraintes fortes d'un facteur 4 (changement de mode de vie, pénalités, quotas, taxes, etc.) ainsi qu'une perte de compétitivité économique si nous sommes les seuls à essayer d'atteindre cet objectif (la France ne représente qu'environ 1 % de la population mondiale).

Conséquences possibles

Un certain nombre d'effets, directement liés à l'accroissement de l'effet de serre ou qui ont une grande probabilité d'en être une conséquence, ont été observés. Ainsi, les scientifiques ont constaté que la température moyenne de la planète a augmenté d'environ trois quarts de degré depuis le début de l'ère industrielle. La dernière décennie a probablement été la plus chaude du millénaire. En France, la période 1989-2004 (16 ans) recouvre les 10 années les plus chaudes depuis 1900.

Le niveau moyen global des mers s'est élevé de 0,1 à 0,2 mètre en 100 ans et la couverture neigeuse ainsi que les étendues glaciaires ont diminué. La dilatation de l'eau océanique sous l'effet d'un accroissement de température est une des causes pouvant entraîner une élévation du niveau des mers.

La régulation du climat de la planète est en grande partie gouvernée par les échanges thermiques entre l'océan et l'atmosphère car le sol se comporte en gros comme un isolant. L'augmentation de l'effet de serre a pour effet d'accroître la température des basses couches de l'atmosphère qui transfère une partie de son énergie à l'océan. Il faut des décennies pour que cette chaleur, localisée en surface, diffuse dans les eaux profondes et réchauffe l'océan dans son ensemble. L'échauffement de la planète se fait donc avec un certain retard. Aussi, même si nous cessions dès aujourd'hui d'émettre des gaz à effet de serre, il faudrait des décennies pour en sentir l'efficacité.

Tous les modèles développés par les scientifiques s'accordent à dire que la température moyenne du globe augmentera si nous continuons à émettre des gaz à effet de serre au rythme actuel ou en quantités supérieures. Ils diffèrent néanmoins quantitativement à cause d'incertitudes sur les phénomènes physiques, d'approximations faites et des politiques supposées mises en œuvre pour lutter contre le changement climatique. Ils prédisent que l'augmentation de température se situerait, en 2100, entre +1,8 °C et +4 °C (fourchette d'incertitude : +1 °C à +6 °C).

Une augmentation de la température moyenne globale ne se traduit pas de la même manière partout. Elle est en général plus forte sur les continents qu'au niveau de la mer. Elle est aussi plus grande aux pôles qu'à l'équateur. On pourrait ainsi avoir, en Eurasie et en Amérique du Nord, une température moyenne de 6 à 8 °C supérieure à ce qu'elle est actuellement[40]. Un tel échauffement est l'ordre de grandeur de ce que l'on observe lors du passage d'une période glaciaire à une interglaciaire qui se produit en dix à vingt mille ans. L'homme peut provoquer un changement analogue en une centaine d'années ce qui risque d'être une catastrophe pour un grand nombre d'écosystèmes ainsi que pour les sociétés humaines. Bien avant l'apparition de l'homme sur la terre, des chocs écologiques violents ont déjà eu lieu. Au cours de ceux-ci, de nombreuses espèces vivantes ont disparu, parfois jusqu'à 90 % d'entre elles.

Figure 4.7 La canicule et la sécheresse favorisent les feux de forêts qui produisent à leur tour d'intenses fumées nocives.

Le réchauffement climatique pourrait avoir des conséquences dramatiques comme l'augmentation du nombre de cyclones, de tempêtes ou de vagues de chaleur sur les continents, la montée du niveau des mers, la disparition des récifs coralliens, l'accentuation de phénomènes tel que El Ninõ[41]. Les écosystèmes les plus fragiles tels que les zones agricoles déjà arides risquent de souffrir le plus, surtout si le changement climatique

40. Ainsi, alors que depuis l'ère préindustrielle la température moyenne globale a augmenté de 0,6 °C, cette augmentation a été de 0,9 °C pour la France.

41. Le phénomène El Ninõ se caractérise par un réchauffement de la zone tropicale est du Pacifique et un déplacement des précipitations également vers l'est.

se produit à un rythme rapide. À tous ces effets risquent de s'ajouter des problèmes sanitaires. Le paludisme, la dengue ou les fièvres hémorragiques pourraient éventuellement apparaître dans des pays tempérés aux latitudes moyennes comme la France, et se renforcer dans les pays où ces maladies existent déjà.

À plus long terme, la circulation océanique peut être profondément perturbée. En effet, l'océan, à cause de sa grande capacité calorifique, répond aux variations de température avec une constante de temps bien plus longue que les continents. Les courants horizontaux, qui transportent la chaleur d'un point de l'océan à un autre, comme le Gulf Stream, pourraient être modifiés par le changement climatique, tout comme les courants verticaux (circulation thermohaline) qui vont des profondeurs à la surface ou inversement.

Conclusion

L'émission de gaz à effet de serre, lors des activités humaines, risque de provoquer un changement climatique important au niveau de la planète. À la différence des autres pollutions, celle-ci est souvent invisible et se partage rapidement avec l'ensemble de la planète. Toute solution ne peut donc être le fait d'un seul pays mais requiert la participation de tous les habitants de la terre ce qui est bien sûr difficile à obtenir car de nombreux intérêts économiques et politiques sont en jeu.

Le problème de l'accroissement de l'effet de serre n'est pas nouveau [44]. En 1957, un scientifique américain suggérait déjà que les activités de l'homme puissent avoir un impact sur le changement climatique par ses émissions. La première conférence sur le climat s'est tenue en 1979, mais il a fallu attendre le sommet de la terre à Rio en 1992, pour que soit signée une convention bien timide, dont l'objet est d'essayer de stabiliser les émissions de gaz à effet de serre. Ceci a abouti au protocole de Kyoto en 1997, qui donnait des objectifs quantifiés de limitation des émissions, ceux-ci étant variables selon le pays. Des mécanismes ont été établis pour permettre d'atteindre ces objectifs, comme les permis négociables. Tous les pays concernés n'ont pas encore ratifié le protocole de Kyoto (141 pays l'ont ratifié en 2010), et les choses avancent malheureusement lentement. Satisfaire les objectifs du protocole de Kyoto est important mais n'aura qu'un très faible effet sur le réchauffement climatique (une diminution d'environ 0,15 °C seulement) mais c'est déjà un premier pas pour prendre la mesure du problème et pour s'améliorer dans le futur.

Il y a toutefois urgence car nous émettons chaque année deux fois plus de CO_2, par exemple, que la Terre ne peut en absorber par les processus naturels. De plus, le temps pendant lequel les émissions d'aujourd'hui auront encore un effet est très long si bien que toute mesure prise aujourd'hui ne se fera sentir qu'à long terme. Dans l'état actuel des choses, nous ne pourrons pas revenir à la composition de l'atmosphère d'avant la révolution industrielle. Rien que pour stabiliser les concentrations dans l'atmosphère, cela demanderait de diminuer les émissions mondiales par deux ce qui semble difficile à réaliser dans le cadre de la société actuelle. Une lutte efficace contre le changement climatique nécessitera sans doute que soient prises des mesures drastiques par tous les pays de la planète.

Chapitre 5
Les transports

Les transports occupent une place de plus en plus importante dans les civilisations modernes, qu'il s'agisse de se déplacer ou de transporter des marchandises. La consommation énergétique française associée aux transports est ainsi passée de 26 Mtep en 1973 à 50 Mtep en 2009. La croissance s'est stabilisée car cette consommation était de 49 Mtep en 2000 [45]. Cela représente, pour cette période (1973-2000), un quasi doublement (+88 %), soit en moyenne +2,1 % par an, alors que la consommation d'énergie totale augmentait de 21 % pendant la même période, soit +0,7 % par an.

Le remplacement, au début du xxe siècle, des chevaux par l'automobile a contribué à diminuer la pollution des grandes villes. À New York il y avait, à cette époque, 175 000 chevaux [46]. Comme chaque animal produit entre 10 et 15 kg d'excréments par jour, cela en faisait de l'ordre de 2 millions de tonnes par jour. Ceux-ci étaient ramassés et souvent rejetés dans les cours d'eau. Outre un nombre considérable de mouches et les odeurs nauséabondes générées, ils étaient la cause de maladies respiratoires ou intestinales car ils étaient présents, sous forme pulvérulente, dans la poussière extérieure. Par ailleurs, environ 15 000 chevaux mouraient tous les ans dans la ville et les cadavres n'étaient pas tous immédiatement enlevés.

L'automobile a pris la relève des chevaux en apportant bien sûr d'autres types de pollution. Sa croissance rapide fait qu'en 1910, la consommation de pétrole dédiée à l'automobile a dépassé celle de l'éclairage. La figure 5.1 montre l'évolution du nombre d'automobiles dans le monde à partir de 1930 jusqu'aux années 2000 [46]. Depuis la fin de la seconde guerre mondiale, la production de véhicules à moteur est passée d'environ 5 millions à près de 50 millions par an à la fin du xxe siècle [47]. Elle était de presque 62,3 millions en 2006. La répartition des véhicules dans le monde est indiquée dans la figure 5.2 pour l'année 2005. 36,3 % des véhicules sont en Europe, 36,8 % en Amérique et 22,6 % en l'Asie, les autres continents ayant une contribution très faible. Le milliard d'automobiles devrait être atteint à l'horizon 2025. Si le taux de motorisation était, au niveau mondial, le même que celui des pays de l'OCDE, il y aurait déjà plus de 3 milliards de voitures dans le monde.

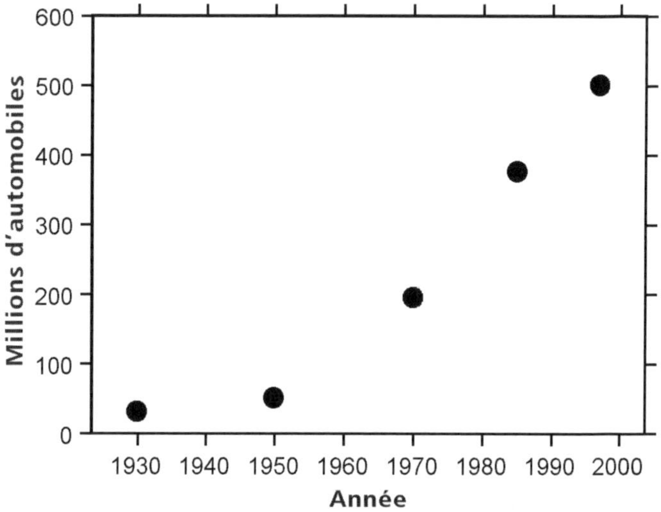

Figure 5.1 Évolution du nombre d'automobiles au niveau mondial. [46]

Il y avait environ 36,3 millions de véhicules en France en 2006 [48] qui se répartissaient en 30,1 millions de voitures particulières (dont 49,8 % de véhicules diesels) et 6,2 millions de véhicules utilitaires (dont 80 % de diesels). Les camions circulent peu dans les villes et 80 % du carburant qu'ils consomment correspond à des trajets à l'extérieur de celles-ci. Les voitures particulières consomment, par contre, environ 40 % de leur carburant pour effectuer des trajets en ville. En zone urbaine, les deux-roues motorisés représentent à peu près 5 % des véhicules en circulation et sont particulièrement polluants [49].

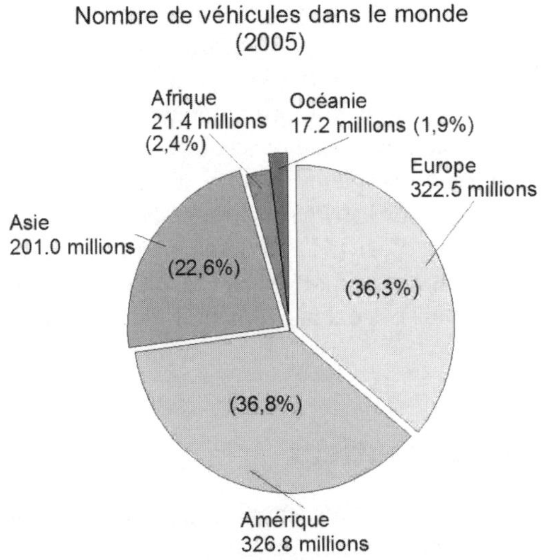

Figure 5.2 Répartition géographique du nombre de véhicules dans le monde pour l'année 2005 (de www.ccfa.fr).

Énergie et transports

Déplacer une personne ou un objet demande de l'énergie. Comme ce secteur est essentiellement dominé par l'utilisation de produits pétroliers, il est source d'émission de gaz à effet de serre ainsi que d'autres pollutions. Les moyens de transport, leurs composants et accessoires ont aussi une durée de fonctionnement limitée. En fin de vie, ils donnent des déchets qu'il faut trier, traiter et recycler ou stocker.

Comme environ 70 % de la surface terrestre est couverte par les océans, la mer est souvent utilisée pour acheminer des marchandises. Son avantage est de ne pas nécessiter d'infrastructures particulières, à part les ports, contrairement aux transports routiers pour lesquels il faut construire des routes, des ponts… La voie des airs est aussi intéressante de ce point de vue mais moins efficace sur le plan énergétique. Le transport maritime est le moyen de transport le moins coûteux (environ 30 fois moins cher que le transport terrestre). Il permet d'acheminer de grandes quantités de marchandises sur des distances importantes mais il peut aussi être utilisé sur des distances plus courtes pour transporter des volumes plus faibles. En termes de fret, un navire de 30 000 tonnes équivaut à 20 barges de 1 500 tonnes et à 750 camions de 40 tonnes. La consommation moyenne, exprimée en gramme de carburant par tonne × km (c'est la quantité de carburant qu'il faut pour transporter une tonne de marchandise sur 1 km) est de 5 g/(t × km) pour le transport maritime à courte distance, contre 9 g/(t × km) pour le rail et 31 g/(t × km) pour la route [50]. Il faut noter que, pour le rail, cette consommation dépend beaucoup de l'énergie utilisée pour faire fonctionner la motrice. Une autre manière d'exprimer cette consommation d'énergie est de dire qu'une puissance de 1 CV = 746 W permet de déplacer 150 kg sur la route, 500 kg sur une voie ferrée et 4 000 kg sur une voie d'eau [51]. Généralement, plus la consommation d'énergie d'un moyen de transport est élevée, plus la pollution est importante, notamment, mais pas exclusivement, l'émission de gaz à effet de serre.

Les transports routiers

Les transports routiers (voitures, camions, autobus…) contribuent fortement à la pollution atmosphérique. Les principaux polluants émis par les véhicules motorisés sont l'oxyde de carbone (CO), les hydrocarbures imbrûlés (HC), les oxydes d'azotes (NO et NO_2, désignés sous le sigle NO_x) et, pour les véhicules diesels, les particules. À ceux-ci s'ajoutent d'autres composés organiques volatils et des chlorofluorocarbures (CFC).

Les émissions

Le niveau d'émission des polluants d'un véhicule régulièrement entretenu évolue peu au cours du temps (il augmente de moins de 20 % [49]). Il a fortement diminué au cours de ces dernières décennies grâce aux normes antipollution que les nouveaux véhicules doivent satisfaire pour leur première mise en circulation. L'amélioration globale est toutefois lente car la moyenne d'âge des véhicules est relativement élevée. En France, elle est de l'ordre de 7 ans. Les progrès en matière de diminution du niveau d'émission de polluants ne se font donc sentir de manière notable qu'à l'échelle d'une décennie. En effet, la durée nécessaire au renouvellement complet du parc automobile est de l'ordre de 25 à 30 ans et celui des deux roues de 7 à 12 ans. En fait 20 % du parc automobile (les véhicules les plus anciens) sont responsables de 60 % de la pollution.

C'est dans les villes que la pollution des véhicules à moteurs se fait le plus sentir. Si l'on prend l'exemple de Londres, à la fin des années 1990, les véhicules à moteur étaient responsables de 74 % des émissions d'oxyde d'azote et de 94 % des fumées noires émises [47]. Les véhicules diesels ont une grande part de responsabilité puisqu'ils contribuent pour respectivement 43 % et 92 % aux émissions de ces deux polluants.

Les émissions, exprimées en gramme par kilomètre (g/km), que doivent satisfaire les voitures particulières mises en circulation sur un parcours type normalisé pour l'Europe, sont de plus en plus sévères. Les différentes normes, introduites depuis les années 2000 sont indiquées dans les tableaux 5.1 et 5.2 pour les véhicules diesels et à essence. Les nouvelles normes sont très sévères par rapport aux usages passés. Ainsi, un véhicule du début des années 1980 pouvait émettre jusqu'à 50 g/km de CO (plus de 20 fois plus que maintenant) pour une automobile à essence et un diesel pouvait rejeter jusqu'à 0,8 g/km de particules (16 fois plus). La norme Euro 1, introduite en 1992 autorisait, pour les véhicules diesels, des émissions de 2,7 g/km de CO et de 0,14 g/km de particules, c'est-à-dire des limites bien supérieures à celles d'aujourd'hui. Pour les véhicules à essence, elle a coïncidé avec l'introduction des pots catalytiques. Les véhicules utilitaires légers et les poids lourds ont des seuils d'émission autorisés de polluants plus élevés pour tenir compte de leur capacité de transport. Selon la nouvelle réglementation européenne, un camion ou un autobus mis en première circulation après 2000 ne doit plus émettre de fumée noire au démarrage ou en accélération [52].

Tableau 5.1 Réglementation antipollution en vigueur en Europe depuis 2000 (en g/km) pour les véhicules diesel. L'année d'application concerne les nouveaux modèles de véhicules et l'année entre parenthèses est l'année d'application pour les véhicules neufs

Normes	Année	CO	HC	NOx	Particules
Euro 3	2000 (2001)	0,64	–	0,56	0,05
Euro 4	2005 (2006)	0,5	–	0,30	0,025
Euro 5	2009 (2011)	0,5	–	0,23	0,005
Euro 6	2014 (2015)	0,5	–	0,17	0,005

Tableau 5.2 Réglementation antipollution en vigueur en Europe depuis 2000 (en g/km) pour les véhicules à essence. L'année d'application concerne les nouveaux modèles de véhicules et l'année entre parenthèses est l'année d'application pour les véhicules neufs.

Normes	Année	CO	HC	NOx	Particules
Euro 3	2000 (2001)	2,3	0,2	0,15	–
Euro 4	2005 (2006)	1	0,1	0,08	–
Euro 5	2009 (2011)	1	0,1	0,06	0,005
Euro 6	2014 (2015)	1	0,1	0,06	0,005

Les deux-roues sont particulièrement polluants. Ils peuvent émettre 10 à 20 g/km de CO, 6 à 8 g/km de HC. Par contre, l'émission de NOx est raisonnable (0,1 à 0,3 g/km) [49]. La norme Euro 5 est en vigueur actuellement pour les véhicules à moteur. Pour les deux roues, les seuils sont moins contraignants puisqu'ils ne doivent satisfaire que la norme Euro 3. Or, pour un véhicule automobile, le respect de la norme Euro 5 entraîne, globalement, des émissions environ deux fois moindre de polluants que la norme Euro 3.

Des tests effectués par l'ADEME ont montré qu'une moto de 1 100 cm^3 de cylindrée émet cent fois plus de NO_x, trente fois plus de COV, 5,7 fois plus de CO, mais 30 % de moins de CO_2 qu'une voiture de 7 CV fiscaux (1 600 cm^3 de cylindrée). Ceci résulte du fait qu'une forte proportion de deux roues est dépourvue de tout système d'épuration des gaz d'échappement. Les cyclomoteurs en particulier sont des gros émetteurs de composés organiques volatils (COV).

L'introduction du pot catalytique a permis de fortement diminuer l'émission de polluants des véhicules à essence. La catalyse 3 voies élimine simultanément l'oxyde de carbone, les hydrocarbures imbrûlés et les NOx ; elle reste efficace au-delà de 100 000 km [53]. Les deux premiers polluants sont transformés en gaz carbonique et le dernier en azote. Le taux de conversion est de plus de 90 % pour chacun des polluants lorsque le catalyseur a atteint sa température de fonctionnement (250 °C). Il est par contre inefficace lorsque celle-ci n'est pas atteinte, c'est-à-dire lors des phases de démarrage à froid qui représentent souvent des déplacements à l'intérieur de la ville. Il faut en effet faire de 1 à 3 km pour que le catalyseur atteigne sa température optimum de fonctionnement.

Les véhicules diesels sont équipés, depuis 1997, de pots catalytiques à oxydation. Ils oxydent le CO, les hydrocarbures imbrûlés et les particules associées mais n'ont aucun effet sur les NO_x. Leur efficacité est de 50 % sur CO et HC, 30-35 % sur la masse totale des particules [49]. Une voiture diesel catalysée émet environ deux fois moins de CO et HC qu'une voiture à essence analogue.

Il faut un carburant à très faible teneur en soufre pour utiliser un catalyseur d'oxydation sur un véhicule diesel. Depuis la fin 1996, la teneur en soufre dans le gazole est passée, en masse, de 0,2 à 0,05 %. Sans ce durcissement de la norme, l'utilisation d'un pot catalytique sur les véhicules diesel aurait augmenté l'émission de particules au lieu de la réduire. Entre 2000 et 2005, la teneur maximale en soufre dans le gazole devrait être divisée par 7 [49]. Ceci améliore les performances des catalyseurs et permettra d'introduire de nouvelles technologies pour diminuer les émissions d'oxydes d'azote.

Contrairement au gazole, l'essence est un produit volatil qui s'évapore facilement. Les pertes par évaporation sont une source notable de pollution, notamment lorsqu'il fait chaud. Elles ont lieu lors du remplissage du réservoir à la station-service, pendant le stationnement du véhicule et lorsque celui-ci se déplace. Les véhicules encore équipés de carburateurs sont ceux pour lesquels les pertes par évaporation sont les plus importantes. Lorsque l'on fait le plein d'essence, cette dernière remplace le carburant gazeux contenu dans le réservoir, au-dessus du liquide. On rejette alors dans l'atmosphère environ 1 g de carburant pour chaque litre ajouté. Pour un plein d'une cinquantaine de litres, c'est à peu près équivalent à la quantité de carburant rejetée par le pot d'échappement lorsque ce véhicule a parcouru une centaine de kilomètres. Compte tenu de leur importance, la réduction des pertes par évaporation des véhicules à essence est, par exemple, une priorité aux États-Unis. En effet, elles représentent 38 % de l'ensemble des rejets d'hydrocarbures d'un véhicule à essence lors de la période d'été [49]. Une étude américaine révèle que 58,7 % de ces pertes se font lors des déplacements, 15 % à l'arrêt lorsque le moteur est chaud, 16,8 % lorsque le moteur est froid et 9,5 % lors du remplissage du réservoir [49].

Les véhicules diesels n'émettent pas d'hydrocarbures par évaporation. Leurs émissions de CO et d'hydrocarbures imbrûlés sont également inférieures, à performances égales, à celle des véhicules à essence. Par contre, ils émettent plus d'oxydes d'azote et 20 à 30 fois plus de particules. La taille de ces dernières peut être suffisamment petite pour qu'elles puissent atteindre sans difficulté l'intérieur des poumons ce qui leur donne une toxicité potentielle importante. Des filtres permettant de retenir une grande partie de celles-ci sont maintenant installés sur les véhicules récents. Les nouvelles normes Euro sur les émissions de NO_x pour les véhicules diesels vont demander l'introduction de nouvelles technologies qui vont renchérir fortement le prix des moteurs diesels et rendre cette technologie beaucoup moins attrayante pour le consommateur.

Comme les véhicules à moteur utilisent des produits issus du raffinage du pétrole, leur combustion émet du gaz carbonique qui est un gaz à effet de serre. Les quantités émises sont considérables. Pour donner un ordre de grandeur, une voiture émet environ 200 g de CO_2 par kilomètre parcouru. Un véhicule qui fait 15 000 km dans l'année émet ainsi environ 3 000 kg de gaz carbonique, soit 2 à 3 fois son poids. À titre de comparaison, un être humain rejette en moyenne, par sa respiration, 500 kg de CO_2 par an. Alors qu'il est sans doute possible d'envisager de séquestrer le CO_2 émis par de grosses installations centralisées, il n'est pas possible de capturer celui émis par les véhicules.

La circulation automobile est à l'origine de dépôts polluants sur les chaussées et alentour. Outre les hydrocarbures (huile et essence) et les gaz issus du moteur, il faut citer les métaux en provenance des pneus (zinc, cadmium), des freins (cuivre), l'érosion de la chaussée et les sels de déglaçage. Ces émissions et produits viennent contaminer localement l'eau de ruissellement et les sols [29]. Le nombre et la taille des véhicules sont aussi un facteur d'encombrement des villes.

Impact sur la santé

Les polluants atmosphériques peuvent, selon leur concentration, être dangereux pour la santé. Cette toxicité peut affecter la cellule (cyto-toxiques) ou le génome (géno-toxiques). Ils attaquent éventuellement le système immunitaire. Leur action peut favoriser des cancers, induire des manifestations allergiques ou de l'asthme, conduire à des infections respiratoires. Nous allons donner quelques informations sur l'effet des polluants émis par les véhicules sur la santé [47], [54].

Les particules sont essentiellement émises par les véhicules diesels. Parmi celles-ci, un grand nombre est de faible taille ($\approx 1\ \mu m$). Elles résultent d'une agrégation de particules primaires carbonées plus petites (8-10 nm). Pour cette raison elles sont irrégulières et de grande surface spécifique. Cette propriété leur permet de facilement adsorber des composés étrangers présents après la combustion : hydrocarbures imbrûlés, hydrocarbures polycycliques aromatiques, composés organiques oxygénés (aldéhydes, cétones, phénols…) [54]. C'est l'ensemble formé de la particule et des composés adsorbés qui est particulièrement dangereux. Il l'est d'autant plus que la faible taille des particules leur permet de pénétrer profondément dans les voies respiratoires et d'atteindre l'étage alvéolaire où elles peuvent se fixer alors que les particules de plus grande taille ($> 10\ \mu m$) sont piégées, pour la plupart, dans les voies respiratoires hautes.

Des études scientifiques ont montré que l'impact sur la santé des particules émises par les véhicules diesels pouvait être grave chez les sujets fragiles : réduction de l'espérance de vie, crises d'asthmes, apparition de symptômes respiratoires aigus nécessitant une hospitalisation, augmentation des risques cardiaques et de formation de caillots sanguins. Les effets cancérigènes sont liés à la présence de molécules cancérigènes adsorbées en surface.

Le monoxyde de carbone est un gaz incolore et inodore produit, entre autres, lors de la combustion incomplète des hydrocarbures. Il est toxique car il pénètre dans le sang par les poumons et altère le transport d'oxygène vers les organes et les tissus. À forte dose, il peut conduire à un coma mortel mais les concentrations observées sont heureusement beaucoup plus faibles. À faible dose, le risque est plus élevé chez les personnes souffrant d'affections cardio-vasculaires. À doses un peu plus fortes, l'inhalation de CO peut amoindrir l'acuité visuelle, la capacité de travail et, pour les enfants, celle d'apprentissage de tâches complexes…

Les émissions de NO_x (NO et NO_2) irritent les poumons, diminuent la résistance aux infections respiratoires et favorisent l'asthme chez les enfants [55]. Ces gaz sont des précurseurs des pluies acides qui peuvent avoir des conséquences graves sur l'environnement (eutrophisation, par exemple) et éventuellement induire des problèmes sur la qualité de l'eau.

L'ozone troposphérique est formé par l'action du rayonnement solaire et de la chaleur sur les oxydes d'azote et les composés organiques volatils issus des véhicules à moteur (essentiellement les hydrocarbures imbrûlés ou qui se sont échappés dans l'atmosphère). C'est la raison pour laquelle on observe souvent des pics d'ozone par temps chaud l'été. Cet ozone occasionne une pollution locale qui peut être transportée sur des centaines de kilomètres s'il y a du vent. Une exposition à de fortes concentrations d'ozone, même de l'ordre de l'heure, peut conduire à des affections respiratoires graves. L'ozone est en effet un gaz oxydant qui provoque une réaction inflammatoire bronchique. Les personnes ou enfants souffrant d'asthme ou d'autres problèmes respiratoires, par exemple, sont particulièrement exposés. L'ozone freine la croissance de la végétation et en amoindrit sa résistance aux insectes et aux mauvaises conditions environnementales.

Dans les pays développés, la disparition de plomb dans l'essence a permis de diminuer ce type de pollution qui a de graves conséquences sur la santé humaine. Le plomb est un métal très toxique qui affecte de nombreux organes et fonctions de l'organisme humain (fonction motrice, sensorielle ou rénale, tension artérielle…). En retombant sur le sol, le plomb en suspension dans l'air peut contaminer la chaîne alimentaire et l'eau potable. L'utilisation du plomb dans l'essence nécessitait l'ajout de produits dits de balayage pour accroître la volatilité des résidus de la combustion et faciliter leur rejet dans les gaz d'échappement. Une partie de ces agents de balayage se retrouvait dans l'atmosphère. Des études ont montré que certains d'entre eux étaient cancérigènes pour les animaux, donc potentiellement pour l'homme.

Les composés organiques polycycliques émis par les véhicules à essence ou diesels sont aussi potentiellement cancérigènes. Il y a, entre autres, le benzène et le formaldéhyde (formol).

Transports aériens

Environ 10 % des passagers-kilomètres transportés par des moyens motorisés dans le monde le sont par des avions. De l'ordre de 60 % utilisent des automobiles ou des véhicules à deux roues, 20 % des autobus et 10 % les trains. Le transport aérien est en forte croissance puisqu'il a augmenté d'un facteur 20 depuis 1960. Celui des marchandises est marginal même s'il est important en terme de valeur économique. Il représente moins de 1 % des tonnes-kilomètres totales transportées par des moyens motorisés dans le monde. Ces marchandises sont transportées pour 80 % lors des vols de passagers [56]. La consommation d'énergie du transport aérien représente environ le huitième de la consommation totale des transports. Pour transporter des marchandises il faut, en moyenne, de 5 à 10 fois plus d'énergie qu'en utilisant le camion. Le trafic aérien dans le ciel français est important. La figure 5.3 montre, pour l'année 2010, le nombre de vols au dessus du pays.

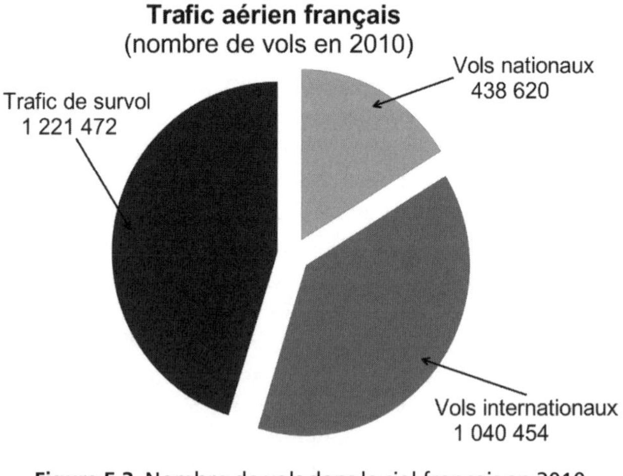

Figure 5.3 Nombre de vols dans le ciel français en 2010 (source DGAC).

Les avions volent à une altitude de croisière de l'ordre de 10 à 11 km, au voisinage de la haute troposphère et de la basse stratosphère. Leurs émissions de gaz à effet de serre sont, dans cette région, particulièrement nocives et le carburant brûlé à cette altitude a un impact 2 à 4 fois plus important que s'il était brûlé au niveau de la mer[42]. En 2007, 0,2 Gt de carbone a été émis par le transport aérien sous forme de gaz carbonique, soit environ 2 % des émissions anthropiques de ce gaz et environ 10 % de celles correspondant aux transports motorisés [43], [57]. Ces émissions sont du même ordre de grandeur que celles issues des combustibles fossiles en Allemagne (0,20 Gt) et doubles de celles en France (0,10 Gt) [43], [57], [58].

Les émissions de NO_x à ces altitudes favorisent l'augmentation d'ozone dans la haute troposphère et la basse stratosphère, alors qu'elles diminuent la concentration de méthane (de l'ordre de 2 %) [56]. La combustion de kérosène produit aussi de l'eau. Lorsque celle-ci est émise dans la troposphère, elle est éliminée dans les une à deux semaines qui suivent par les précipitations. Une petite fraction de la vapeur d'eau émise se retrouve néanmoins dans la partie basse de la stratosphère. Cela conduit à un accroissement de l'effet de serre mais celui-ci est minime par rapport aux effets des autres gaz émis par les avions. Les traînées de condensation qui se forment dans le sillage des avions ont aussi des conséquences sur le réchauffement climatique, notamment en favorisant la formation de cirrus. Une évaluation faite en 1992 de l'accroissement de l'effet de serre total dû aux avions indique qu'il serait de l'ordre de 3,5 % de la part due à l'homme [56].

Transports maritimes

Environ 50 % du transport maritime sert à acheminer des combustibles fossiles, soit 30 % pour le pétrole brut (1,6 milliards de tonnes en 2000), 11 % pour les produits pétroliers et 9 % pour le charbon. Les autres produits transportés sont le minerai de fer (8 %), les céréales (4 %) et des marchandises diverses (38 %) [50]. Outre sa contribution propre aux émissions de gaz à effet de serre, le transport maritime est surtout connu du grand public par les dégâts et les pollutions spectaculaires qu'il inflige à la mer.

42. Compte tenu de cela, pour une même quantité de carburant consommée, un avion aurait ainsi un impact climatique 3 fois plus important qu'une automobile.

On estime que 4 à 6 millions de tonnes de pétrole arrivent ou sont déversés chaque année dans les océans[43] [59], [60]. Les déversements identifiés en provenance des tankers de transport de produits pétroliers n'en représentent qu'une faible partie, moins de 100 000 tonnes par an depuis une dizaine d'années [61]. Mais la navigation maritime est aussi à l'origine de rejets volontaires illicites. Il s'ajoute à cela, mais pour une contribution plus faible, des retombées atmosphériques d'hydrocarbures imbrûlés.

Les naufrages accidentels de pétroliers conduisant à des marées noires sont les accidents qui frappent le plus l'opinion publique par les dégâts visibles qu'ils occasionnent (côtes souillées, oiseaux englués...). Leur nombre est heureusement en constante diminution. Ainsi, le nombre de marées noires de plus de 700 tonnes dans le monde est passé d'une moyenne de 24 par an dans les années 1970-79, à 9 par an pour la période 1980-1989 et à 7 par an entre 1990 et 1999 [61]. En 2000, 2001 et 2002, il y a eu 3 accidents chaque année. L'année 1979 a été la plus mauvaise avec 34 marées noires de plus de 700 tonnes.

Le nombre de marées noires de plus de 700 tonnes a fortement diminué depuis les années 1970 comme on peut le voir sur la figure 5.4.

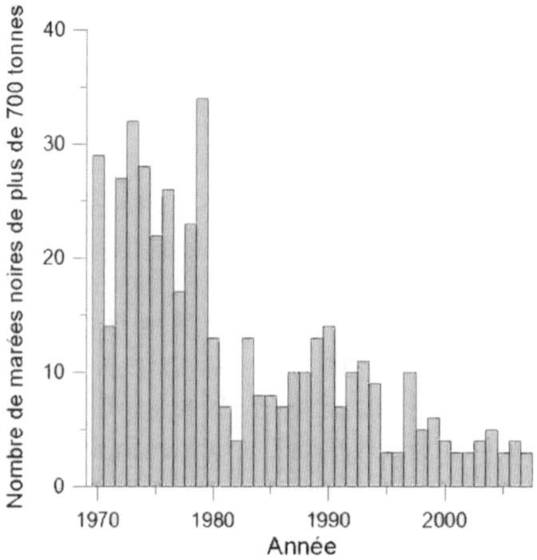

Figure 5.4 Nombre de marées noires de plus de 700 tonnes depuis 1970. Données de www.itopf.com

43. La consommation annuelle mondiale de pétrole est de 3,9 milliards de tonnes en 2007.

La quantité de pétrole relâché lors des naufrages a également diminué depuis les années 1970 comme l'illustre la figure 5.5.

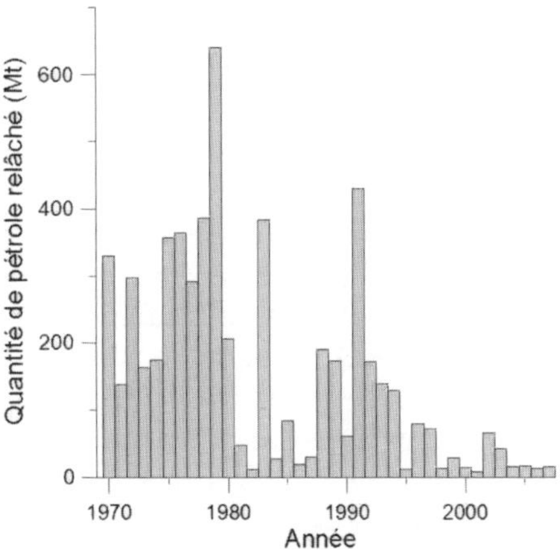

Figure 5.5 Quantité de pétrole relâché lors des marées noires depuis les années 1970. Données de www.itopf.com.

Tout le monde se souvient de l'accident de l'Amoco Cadix, le 16 mars 1978 sur les côtes du Finistère en Bretagne. Ses 220 000 tonnes de pétrole brut ont souillé 300 km de littoral. Il figure parmi les 4 plus grands accidents mondiaux. Plus récemment il y a eu les naufrages de l'Erika (le 12 décembre 1999) et celui du Prestige (19 novembre 2002). L'Erika était un pétrolier de taille moyenne qui a coulé au large des côtes du Finistère libérant 30 000 tonnes d'un fioul lourd particulièrement toxique. L'accident du Prestige, au large des côtes de Gallice, a libéré environ 77 000 tonnes de fioul, dont une partie a souillé les côtes espagnoles et le littoral Atlantique français. C'est l'accident le plus important depuis 1993. La majeure partie de ces catastrophes aurait pu être évitée si les transports de produits pétroliers étaient traités de manière plus rigoureuse.

De nombreux accidents moins spectaculaires se produisent également. Durant la période 1993-2002, 263 marées noires de plus de 7 tonnes ont été recensées. Elles représentent un déversement total de 544 000 tonnes, dont la moitié provenait de quatre accidents seulement. En pratique, plus de neuf dixièmes des accidents recensés font moins de 7 tonnes. Les ports et les terminaux pétroliers sont notamment concernés [61].

Tous accidents confondus, les causes des déversements recensés par la profession sont les échouages, les collisions, les ruptures de confinement et les avaries de tankers, les feux ou explosions, les incidents opérationnels de chargement et de déchargement, de ravitaillement en carburant, de dégazage.

On parle moins des déballastages[44] et des dégazages[45] sauvages, faits en toute illégalité, qui sont responsables d'une pollution de 8 à 10 fois supérieure à celle des naufrages accidentels. La préfecture maritime de l'Atlantique à Brest a ainsi estimé que les dégazages sauvages représentaient chaque année, pour les côtes françaises, jusqu'à 10 fois la pollution de l'Erika. L'Institut français de l'environnement évoque quant à lui des dégazages sauvages à hauteur de 600 000 tonnes par an d'hydrocarbures déversées en mer Méditerranée, et de trois millions de tonnes par an en mer du Nord [60]. La répression s'est heurtée à l'identification des bateaux responsables qui opèrent de nuit ou dans le sillage d'autres bateaux et à l'établissement de preuves formelles. La détection satellite sera peut-être de nature à lever ces difficultés. Une réglementation internationale plus stricte serait aussi nécessaire pour contrer ces agissements qui dégradent inutilement les mers.

Tous les déversements d'hydrocarbures en mer n'ont pas le même impact. La présence de fractions lourdes peu fluides et difficiles à nettoyer cause des nuisances en général beaucoup plus considérables, notamment si les côtes sont contaminées. La pollution marine par les hydrocarbures a plusieurs effets. L'effet physique d'engluement se traduit pour les oiseaux ou les mammifères marins par une perte de flottabilité et d'isolation thermique pouvant conduire à la mort. Le film de pétrole en surface empêche les échanges de gaz entre l'air et l'eau, ce qui contribue à asphyxier les organismes vivants. Certaines fractions du pétrole sont toxiques par ingestion. Les hydrocarbures sont aussi des matières organiques biodégradables à une échelle de temps plus ou moins longue, ce qui leur confère un pouvoir fertilisant. La biodégradation induit, dans un premier temps, une zone pauvre en azote et en phosphore et une diminution de la concentration en oxygène dissous. À cette première phase peut

44. Un déballastage est le fait d'un navire transportant du pétrole. Lorsqu'un pétrolier a déchargé sa cargaison, il remplit d'eau de mer ses cuves pour assurer sa stabilité. Pour charger à nouveau du pétrole, il doit vider ses cuves de l'eau de mer souillée. La vidange dans des installations portuaires coûte cher et certaines sont effectuées illégalement en mer.

45. Les dégazages sont des rejets d'huile de vidange et de résidus de fioul des moteurs. Cette opération est malheureusement souvent faite de manière illégale en mer.

succéder une eutrophisation[46] du milieu par suite de la minéralisation des espèces détruites par le pétrole [59].

Le transport maritime de produits dangereux autres que les hydrocarbures est en forte croissance. Il devrait s'inspirer de celui des matières nucléaires où tout est mis en œuvre pour diminuer les risques d'accident.

Les émissions atmosphériques des bateaux ont significativement augmenté du fait de l'accroissement des transports maritimes et de la dégradation de la qualité des combustibles utilisés. Ce secteur, n'étant pas soumis aux mêmes normes strictes que les autres modes de transports, utilise de nombreux résidus pétroliers. La forte teneur en soufre en particulier est à l'origine des fumées importantes dégagées par de nombreux bateaux. Une étude qui fait état de 60 000 décès par an touchant le cœur et les poumons appelle à des standards d'utilisation du carburant plus stricts.

Pollution sonore

Le bruit[47] est une pollution de plus en plus importante dans les sociétés modernes. Les transports contribuent largement à celle-ci (pour 80 %). À l'inverse des sources fixes de bruit, comme peuvent l'être certaines usines, les transports routiers et aériens sont des sources mobiles qui dispensent leur pollution sonore au fur et à mesure qu'elles se déplacent. De nombreuses études montrent que le bruit a un impact visible sur la

46. L'eutrophisation est induite par l'apport de substances nutritives qui perturbe l'équilibre biologique du milieu. Lorsque la ré-oxygénation des eaux n'est plus suffisante, les bactéries anaérobies se substituent aux bactéries aérobies pour dégrader la matière organique.

47. Le bruit est composé de sons qui sont des variations de pression de l'air. Ils sont caractérisés par une fréquence et une intensité qui stimulent la membrane du tympan et sont transmis mécaniquement jusqu'à l'oreille interne où se créent des impulsions électriques qui se propagent jusqu'au cerveau. L'oreille humaine détecte les sons dont la fréquence est environ comprise entre 20 et 20 000 Hz. La sensibilité et la gamme de fréquence diminuent avec l'âge, à cause d'accidents ou de pathologies. L'intensité d'un son correspond à l'amplitude des variations de pression générées. Le domaine de sensibilité de l'oreille humaine varie de 2×10^{-5} Pa (seuil de perception) à 20 Pa (seuil de douleur) [62]. Pour exprimer une dynamique si importante, on utilise le décibel (dB) qui est la mesure de la pression dans une échelle logarithmique. La référence est prise au seuil absolu d'audibilité. On utilise la plupart du temps des dB pondérés pour tenir compte des particularités de l'oreille humaine. Une différence de 3 dB revient à doubler l'intensité sonore. Une conversation normale correspond à un bruit de 60 dB, le seuil de la douleur est situé vers 110 dB.

santé [62]. La figure 5.6 illustre l'échelle de bruit (en dB) avec quelques seuils de l'être humain et l'intensité sonore de quelques sources.

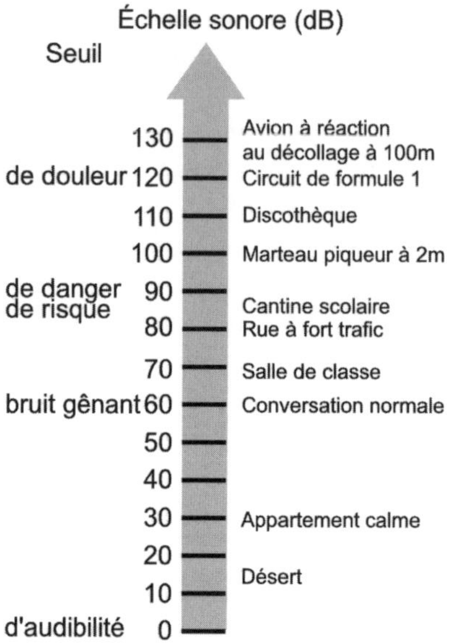

Figure 5.6 Échelle de bruit avec différents seuils et quelques exemples d'intensité sonores.

Le bruit vient largement en tête des nuisances ressenties et des troubles de santé vécus par les citadins, devant les gênes occasionnées par la pollution atmosphérique ou les odeurs. Le bruit au travail représente le tiers du coût des maladies professionnelles. Le bruit est responsable de 11 % des accidents du travail. Avions et hélicoptères surtout, transports routiers, TGV, deux roues également donnent lieu à un nombre croissant de plaintes. Les plaintes pour les bruits industriels et de voisinage diminuent.

Un bruit intense entraîne une fatigue auditive dont l'effet dépend de la durée et du niveau de l'exposition. Il est d'autant plus nocif qu'il est plus pur, car il ne stimule que peu de cellules auditives. Les explosions sont ainsi particulièrement dangereuses pour l'oreille. La multiplicité des sources sonores est plus dangereuse qu'une source unique et les bruits répétés plus que les bruits continus. Enfin, un bruit modéré, mais prolongé, peut s'avérer plus traumatisant qu'un bruit intense, mais bref. Une fatigue auditive prolongée peut conduire à une surdité qui peut être temporaire[48] ou définitive.

48. Quelques heures dans une discothèque à un niveau sonore proche du seuil de la douleur peuvent entraîner une surdité temporaire pendant 10 à 12 heures [62].

Les transports, par le bruit qu'ils créent, entraînent une fatigue auditive qui peut altérer la santé. Les niveaux enregistrés dans les zones urbaines sont souvent compris entre 55 et 70 dB alors que l'OMS[49] recommande un niveau inférieur à 40 dB pour une bonne qualité de sommeil. Le niveau de bruit au voisinage des routes ou autoroutes très passagères et surtout celui près des aéroports est la plupart du temps bien supérieur. Les hélicoptères sont des appareils très bruyants et sources croissantes de nuisance. Leur altitude de vol modeste et leur usage à proximité des zones urbaines leur confèrent un impact étendu auprès des populations. Le bruit des deux roues, notamment lorsque le pot d'échappement n'est pas réglementaire, est particulièrement agressif. Une mobylette peut ainsi réveiller plusieurs dizaines de milliers de personnes en traversant Paris la nuit. Certaines d'entre elles auront beaucoup de mal ou ne pourront pas se rendormir. La figure 5.7 montre la répartition du bruit des transports selon leur origine.

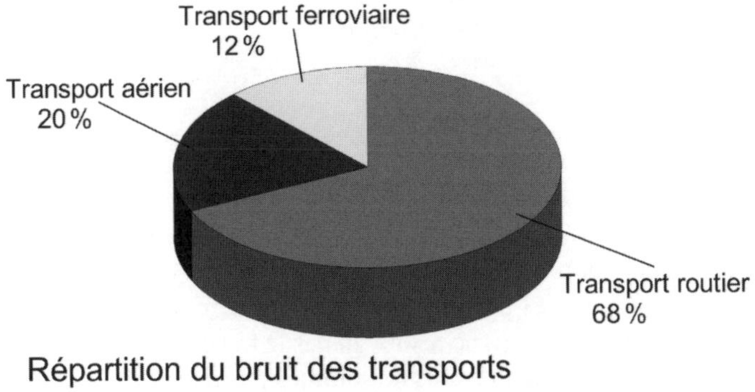

Figure 5.7 80 % du bruit émis dans l'environnement provient des transports (Source ADEME).

Le bruit a d'autres conséquences sur la santé que l'altération de l'appareil auditif. Il peut générer une grande fatigue par suite des actions répétées de défense de l'organisme, et conduire à une situation de stress lorsque la personne ne peut plus faire face à l'agression. La composition sanguine peut alors s'en trouver affectée et le système immunitaire fragilisé. Le bruit perturbe aussi le système cardio-vasculaire (arythmie, accélération du rythme cardiaque…) et augmente la tension artérielle

49. Organisation mondiale de la santé.

(hypertension)[50]. Il peut aussi conduire à des troubles du système digestif (fonction salivaire, transit intestinal, ulcère gastrique ou du duodénum, perte d'appétit…). Chez les enfants, on observe une augmentation de la sécrétion de certaines hormones qui peuvent altérer les capacités cognitives. Le bruit a aussi un impact sur le psychisme (anxiété) et entraîne des troubles du sommeil. Il est particulièrement néfaste chez les personnes en état dépressif. En France de l'ordre de 400 000 logements sont agressés par le bruit auprès de points noirs créés essentiellement par les transports aériens et terrestres.

Des solutions techniques existent pour réduire le bruit à la source ou pour atténuer celui-ci lors de sa propagation. La pollution sonore reste néanmoins importante dans les civilisations modernes. Les contraintes économiques ne permettent pas non plus de tout faire. La recherche d'économie dans un domaine peut aggraver par exemple la pollution sonore. Par ailleurs, la réduction du bruit a un coût économique et environnemental. Ainsi, toutes choses étant égales par ailleurs, un avion plus silencieux consomme plus de carburant.

Perspectives

Les transports motorisés sont indispensables dans notre civilisation. La grande majorité d'entre eux utilise des hydrocarbures. Ils restent collectivement source de pollution et augmentent l'effet de serre. Les progrès technologiques permettent de consommer et de polluer moins pour le même service, mais ne résolvent pas le fait que les hydrocarbures sont en quantité finie et que nous ne sommes pas loin d'avoir épuisé les ressources bon marché [7]. Il faut penser aux transports du futur et aux manières de mieux utiliser ceux qui existent.

Dans un futur très lointain, l'hydrogène pourrait être un nouveau vecteur énergétique. Utilisé dans des piles à combustibles, il a l'avantage de ne produire que de l'eau. La molécule d'hydrogène n'existe pas à l'état naturel mais les molécules d'eau et d'hydrocarbures contiennent des atomes d'hydrogène. On peut donc obtenir de l'hydrogène à partir de celles-ci mais il faut de l'énergie. Le gaz naturel permet ainsi de fabriquer

50. La consommation de médicaments destinés à faire baisser la tension artérielle est 2 à 6 fois supérieure chez les personnes dont le domicile est survolé par des avions. Chez les femmes de 40 à 69 ans, les hospitalisations sont quatre fois plus fréquentes quand le domicile est soumis à un bruit routier diurne supérieur à 65 dB(A), la prise d'anxiolytique ou d'antidépresseurs 10 fois plus fréquente en cas de résidence à proximité d'un point noir ferroviaire. Ces quelques constats sont tirés d'une enquête menée en Ile de France en 2005 par la Région.

l'hydrogène au plus bas coût, à un prix environ trois fois inférieur que par électrolyse de l'eau. Toutefois, la fabrication d'hydrogène à partir de composés carbonés génère des gaz à effet de serre qui, s'ils ne sont pas séquestrés, ne résout pas le problème. Comme le gaz et le pétrole sont épuisables, il faudra produire l'hydrogène à partir de l'eau. Si l'on ne veut pas déplacer la production de gaz à effet de serre de l'automobile au dispositif de production de l'électricité, il faudra utiliser l'énergie nucléaire et les énergies renouvelables. Ces dernières, pour attractives qu'elles soient, ne sont pas, mise à part l'hydraulique, encore économiquement rentables, sauf dans des niches de marché. L'énergie nucléaire reste donc, pour le moment, le seul moyen de fabriquer de grandes quantités d'électricité pour l'électrolyse de l'eau[51]. À ce problème de production de l'hydrogène, qu'il est par ailleurs difficile de stocker dans des volumes acceptables, s'ajoute aussi celui du coût des piles à combustible qui est encore beaucoup trop élevé comparé à celui du moteur à explosion (typiquement 100 fois plus cher).

Les véhicules hybrides sont sans doute la voie la plus réaliste à court et moyen terme. Ils consistent à avoir à la fois un moteur thermique, utilisant un produit pétrolier, et un moteur électrique alimenté par une batterie. Ces véhicules existent déjà (plus de 2 millions de voitures ont été vendus depuis leur introduction). À moyen terme les véhicules hybrides rechargeables sont une solution très attirante surtout si, comme dans le cas de la France, la majeure partie de l'électricité est produite sans émission de gaz à effet de serre. La batterie peut alors être rechargée sur le réseau en plus des possibilités de recharge déjà utilisées actuellement (freinage, décélérations…) dans les premiers véhicules de ce type. Ceci permettrait de fortement diminuer la pollution en ville ainsi que les émissions de gaz à effet de serre.

La voiture électrique peut aussi être une solution pour diminuer la pollution locale. De gros efforts sont actuellement faits par certains constructeurs pour développer cette technologie. Néanmoins elle ne peut pas être utilisée pour faire de grandes distances car l'autonomie reste typiquement inférieure à environ 200 km et de nombreuses heures sont nécessaires pour recharger la batterie. Le coût de cette dernière est également très élevé conduisant au total à un véhicule plus cher que les

51. Pour donner quelques ordres de grandeur [7], imaginons que nous remplacions tout le parc automobile français actuel par des véhicules à pile à combustible alimentés par de l'hydrogène. Il faudrait de l'ordre de 450 TWh d'électricité, soit la consommation française actuelle, pour produire cet hydrogène. Cela nécessiterait de construire 60 réacteurs nucléaires de 1 GW_e ou de l'ordre de 180 000 éoliennes de 1,5 MW pour produire cette quantité d'électricité.

véhicules conventionnels. Son utilisation est intéressante dans les villes car il n'y a aucun rejet. L'autonomie du véhicule diminue lorsque l'on a besoin de chauffage, de climatisation ou d'éclairage. En termes d'émission de CO_2, l'usage d'un véhicule électrique n'est intéressant que si l'électricité est produite sans émission de gaz à effet de serre c'est-à-dire à partir du nucléaire ou des énergies renouvelables. Si on utilise des centrales à charbon, on ne fait que déplacer les émissions qui deviennent centralisées au lieu de délocalisées. Le bilan total est dans ce cas à peine meilleur que pour les voitures conventionnelles utilisant un moteur à explosion.

Par rapport aux véhicules électriques, les voitures hybrides rechargeables ont l'avantage de pouvoir se déplacer même lorsque la batterie est vide grâce à leur moteur à combustion interne. La batterie ayant moins d'autonomie que pour un véhicule électrique pur, elle est moins lourde et moins chère ce qui rend ce type de véhicule compétitif avec les véhicules conventionnels.

Pour les avions, la solution est peut-être plus facile car on pourrait remplacer le kérosène par de l'hydrogène liquide. Des essais ont déjà été réalisés avec succès, dans l'ex-URSS et aux États-Unis [7].

Chapitre 6
Air, eau, sol

Les activités humaines, tout comme les processus naturels, modifient les milieux où ils se déroulent. Trois d'entre eux sont touchés : l'air, l'eau et les sols, avec échanges entre ces trois milieux.

C'est à travers l'air (poussières ou gaz) et l'eau que les risques sont souvent les plus présents : chaque jour un individu respire en moyenne quinze kilogrammes d'air, dont il consomme près d'un kilogramme d'oxygène, alors qu'il boit quelques litres ou kilogrammes d'eau (mais en « consomme » 200 litres par jour en France), et ne mange environ qu'un kilogramme de nourriture.

De nombreux progrès ont été réalisés en matière de gestion des déchets, des effluents et des pollutions. Les grosses pollutions dont la source était bien identifiée, par exemple les rejets industriels, ont été sérieusement réglementées. Pour ces derniers, traitement industriel à la source, concentration et confinement des déchets de production sont plus aisément accessibles. Mais simultanément, des dégradations se font sentir, même si objectivement la qualité de l'air et de l'eau est meilleure qu'il y a 40 ans.

Tandis que l'industrie commence par rassembler les matériaux pour fabriquer ses produits avant de les vendre et les disperser auprès de ses clients, le monde agricole travaille par épandage d'engrais et de pesticides avant de rassembler les récoltes et de redisperser les résidus biologiques. Déchets, production et pollution vont donc s'y trouver étroitement imbriqués. Dans les deux cas, les déchets sont à la fois les résidus de fabrication, et les produits consommés et usés par les utilisateurs dispersés.

De tout temps, dispersion et dilution ont été pratiquées. Les toxicologues savent que la concentration est un paramètre plus important que les quantités pour protéger les hommes et l'environnement contre une contamination microbiologique ou chimique. Les difficultés qui apparaissent aujourd'hui sont largement liées aux déchets et pollutions diffuses, quand le principe de dispersion dilution n'est plus naturellement efficace ou acceptable. La collecte, le traitement à la source, ou la réglementation voire l'interdiction éventuelle des pratiques à l'origine de ces diffusions sont alors des enjeux considérables. À propos de ces dernières, les exemples abondent : abandon du pesticide DDT, abandon des CFC qui détruisent la couche d'ozone protégeant la terre des rayons UV, interdiction de la combustion individuelle de charbon ou de bois dans certaines villes pour protéger l'atmosphère, utilisation obligatoire de pots catalytiques sur les moteurs à combustion, limitations européennes à la production de certains types de piles et accumulateurs électriques à cause des métaux lourds contenus.

Il est désormais acquis en droit et dans les faits que les déchets et effluents ne peuvent plus être qualifiés par leur propriétaire de matières destinées à l'abandon, ni même de déchets ultimes sans devenir économique viable et organisé. Ce sont des matières, gérables ou non, c'est-à-dire acceptables ou inacceptables, avec les conséquences que cela comporte sur les pratiques qui en sont à l'origine.

La forme du retour à la nature est un facteur important. Toutes les formes chimiques n'ont pas la même réactivité. Un déchet solide n'aura pas le même impact selon qu'il est stable, ou lessivable par les eaux de ruissellement ou de condensation qui l'environnent, ou qu'il sera protégé de la présence d'une circulation d'eau. Certains polluants sont rapidement détruits, d'autres sont persistants et s'accumulent.

En science de l'environnement, le caractère interactif des polluants et des phénomènes naturels ne permet pas en général d'attribuer une seule cause à un effet observé. De plus, l'observation et la compréhension n'interviennent souvent qu'a posteriori et nombre d'impacts industriels ont été subis avant d'être évités ou maîtrisés[52]. À noter aussi que les contraintes pesant sur l'environnement s'accélèrent : alors que le troisième milliard d'habitants sur terre est apparu en une trentaine d'années entre 1930 et 1960, le septième milliard d'habitants est apparu en une

52. Ce fut le cas par exemple de la thalidomide, molécule de base d'un somnifère et d'un sédatif prescrit à de nombreuses femmes enceintes dans les années 1950 et qui s'avéra être la cause de nombreuses difformités chez leurs enfants. La dose nocive pour l'être humain était beaucoup plus faible que pour les animaux ayant servi à valider le produit.

douzaine d'années (octobre 1999 à octobre 2011). Si leur impact sur l'environnement dépend de leur mode de vie, ces habitants sont aussi une force de réflexion et d'action supplémentaires.

Depuis que l'homme s'est sédentarisé, il y a environ 10 000 ans, les villes ont commencé à se développer. Maintenant, une plus grande proportion de personnes vit dans les villes et les villages que dans les campagnes et cette tendance s'accentue (croissance trois fois plus rapide de la population des villes). On estime que d'ici une vingtaine d'années près de 70 % de la population mondiale vivra dans les villes (contre 50 % en 2008). Cette proportion est de 75°% en France selon le recensement de 1999, et ne serait même que de 61°% si on inclut la rurbanisation croissante due aux citadins qui travaillent en ville et habitent à la campagne. En France, l'exode rural se serait terminé autour des années 1970.

La concentration d'un grand nombre d'habitants en un même lieu conduit à celle de la demande énergétique et à celle de la production de déchets et de rejets. Grâce à une utilisation massive de l'électricité, qui peut être produite hors des villes, on évite la pollution qu'induirait une utilisation locale et diffuse de combustibles solides et liquides, fossiles ou non, comme c'était par exemple le cas à Londres il y a plus d'une centaine d'années. Les réseaux de chaleur (chauffage urbain) sont aussi une solution, éventuellement complétés de pompes à chaleur comme à Stockholm en Suède. Cela suppose toutefois que l'énergie alimentant ces réseaux soit parfaitement propre pour les riverains par définition nombreux en ville.

L'eau est également un problème crucial ce qui explique qu'historiquement beaucoup de villes ont été construites près ou sur une rivière. Il faut environ 1 litre d'eau par personne et par jour pour survivre mais, dans les pays développés, on utilise des volumes bien plus considérables pouvant aller jusqu'à plusieurs mètres cubes par habitant et par jour si on additionne tous les usages individuels, industriels et agricoles de l'eau [63].

Air

L'air sec à proximité du sol est composé à 78 % d'azote, 21 % d'oxygène, 1 % d'argon et 0,04 % de dioxyde de carbone. Les autres composés volatils sont des gaz mineurs, à des teneurs inférieures à 0,01 %, qui sont généralement exprimées en partie par million (ppm), ou par milliard (ppb), voire moins encore (ppt). Utiliser l'unité ppb est équivalent à repérer et se poser des questions sur les agissements de quelques habitants parmi les 7 milliards que compte la terre. C'est bien à ce niveau extrêmement fin que fonctionnent les sciences de l'environnement.

TABLEAU 6.1 PRINCIPAUX POLLUANTS DE L'AIR AMBIANT (D'APRÈS [64] ET AUTRES DONNÉES BIBLIOGRAPHIQUES)

Quelques polluants de l'air ambiant	Origine en France	Risques
Dioxyde de soufre (SO_2) (en diminution)	– 80 % industrie – 10 % résidentiel et tertiaire, chauffage urbain	– Affections respiratoires – À l'origine des pluies acides
Particules en suspension (stabilité ou augmentation des taux d'empoussièrement)	– 30 à 70 % combustion de biomasse (chauffage au bois, feux de cheminée et de jardin) – 10 % transport routier – agriculture, industrie	– Irritation des voies respiratoires – Risque cancérigène avéré
Dioxyde d'azote (NO_2) (Diminution de 40 % en 15 ans)	– 50 % transport routier – 25 % industrie – 5 % résidentiel et tertiaire, chauffage urbain	– Perturbe la fonction respiratoire – Troubles respiratoires chroniques ; à forte dose peut provoquer des lésions
Monoxyde de carbone (CO) (Diminution de 75 % en 15 ans	– 30 % résidentiel et tertiaire, chauffage urbain – 30 % transport routier – 30 % industrie	– Perturbe le transport de l'oxygène dans le sang : peut provoquer des anémies, des vertiges, des migraines et être mortel à forte dose
Ozone (O_3) (Doublement en 15 ans)	– Polluant secondaire résultant de la transformation photochimique de certains polluants (NOx et COV) en présence de rayonnement solaire (UV)	– Irritations oculaires – Altérations pulmonaires – Dommages sur les végétaux – Contribue à l'effet de serre
Composés organiques volatils (COV) (Diminution de 80 % du benzène grâce aux progrès sur les carburants	– Transport routier industrie, usage de solvant	– Formation d'ozone – Gêne respiratoire – Risques mutagènes et cancérigènes (benzène)

En France, en moyenne, les émissions dans l'atmosphère ramenées au nombre d'habitants se chiffrent à 20 kg de dioxyde de carbone CO_2 par jour et par habitant, 300 grammes de monoxyde de carbone CO, 120 grammes de méthane CH_4, 100 grammes de composés organiques volatils (hors méthane), 70 grammes d'oxydes d'azote, 30 grammes de dioxyde de soufre SO_2, 20 grammes de poussières et aérosols. Ces quantités suffisent à créer, ou permettent d'éviter, quelques-uns des dérangements qui sont évoqués dans ce livre.

Depuis dix ans en France, les émissions de dioxyde de soufre SO_2 ont diminué de moitié, celles d'oxydes d'azote et de composés organiques volatils non méthaniques de plus de 20 %. Dans l'air urbain, le plomb a pratiquement disparu grâce à la distribution d'essence sans plomb, et la concentration chronique en monoxyde de carbone a diminué de plus de 50 % grâce aux pots catalytiques et à la meilleure qualité du parc automobile [65].

Les principaux polluants de l'air ambiant proviennent généralement des gaz et particules rejetées dans l'air par les véhicules à moteur, les installations de chauffage (bois énergie), les centrales thermiques, les pratiques agricoles, les installations industrielles. Ils peuvent avoir des conséquences néfastes sur la santé de l'homme et sur l'environnement. Certains de ces polluants contribuent à l'accroissement de l'effet de serre. Il existe également des sources naturelles de pollution : éruptions volcaniques, etc.

Combustion

La première cause de pollution atmosphérique directe est la combustion (des combustibles fossiles, du bois, des déchets, des carburants…). Les sources d'émission sont nombreuses et diffuses. En proportion et par comparaison avec les activités industrielles de plus en plus contrôlées, la responsabilité individuelle est croissante tant dans les activités résidentielles (chauffage, feu…) que dans l'usage des moyens de transports [66], [67].

Sur l'ensemble de l'Europe, les combustions domestiques sont des sources importantes de pollution, notamment par la combustion de biomasse (feux de cheminée, feux de jardin). En hiver 50 à 70 % des aérosols carbonés proviennent de la combustion de la biomasse. Les installations domestiques seraient de plus à l'origine de 10 % à 30 % des rejets d'arsenic, de cadmium et de mercure, de la moitié des rejets d'hydrocarbures aromatiques polycycliques et de 30 % de la dioxine. Les polluants organiques les plus toxiques sont ceux issus d'une combustion incomplète, situation fréquente en présence de combustibles solides, charbon autant que biomasse, qui produisent en plus grande quantité des centaines de composés organiques volatils et des hydrocarbures aromatiques polycycliques[53]. Sur l'ensemble de l'Europe, l'amélioration des installations de combustion, le remplacement progressif du charbon par le gaz[54], ou par l'électricité lorsqu'elle est produite proprement, l'introduction des pompes à chaleur et la meilleure utilisation de l'énergie solaire réduisent progressivement les rejets atmosphériques. À production de chaleur égale, les réseaux de chaleur urbains contribuent pour une moindre part que le chauffage individuel aux émissions de polluants atmosphériques, l'écart étant très important lorsque le chauffage individuel est à base de combustibles solides.

En ce qui concerne le bois, les technologies de combustion les plus avancées associées à une alimentation par un biocombustible de bonne qualité permettent de limiter les rejets par rapport aux anciens foyers ouverts (réduction d'un facteur 20 à 100). Le bois ne contient pas ou peu de soufre, sa combustion permet donc de diminuer notablement les quantités de SO_2 par comparaison à d'autres combustibles comme le charbon. Mais suivant la qualité du bois utilisé, les quantités de NOx émises peuvent être importantes et les taux d'émission de poussières sont élevés. Les installations individuelles ne peuvent pas rivaliser avec les installations industrielles où sont contrôlés de multiples paramètres de la combustion (température, temps de résidence, oxygène…) et où les fumées sont traitées[55]. Il est en effet presque impossible d'avoir une combustion sans émission de polluants à partir d'un tel combustible solide, contrairement au gaz dont l'usage individuel peut être bien maîtrisé. Il convient

53. Les polluants émis par la combustion de la biomasse sont notamment les particules, certains métaux (cadmium, zinc) et de nombreux composés organiques tels le monoxyde de carbone, des dioxines, des hydrocarbures aromatiques, Le contenu en matières volatiles de la biomasse est en moyenne double de celui du charbon, tandis que le contenu en cendres (dont les métaux) est légèrement plus faible. Les composés organiques volatils sont émis par tous les secteurs, notamment toutes les installations de chauffage et de combustions tant manufacturières que domestiques [68].

54. En matière d'émission de poussières par les nouvelles installations de combustion destinée au chauffage urbain, les normes de 1998 signifient que le combustible gaz pollue dix fois moins que le fioul et vingt fois moins que les autres combustibles solides ou la biomasse.

55. L'écart de performance sur les rejets entre installations domestiques et installations industrielles est beaucoup plus marqué lorsqu'il s'agit de combustibles solides (charbon et biomasse) que lorsqu'il s'agit de combustibles liquides ou gazeux. Les chaudières urbaines doivent être équipées pour traiter les NOx et limiter les émissions de poussières, d'hydrocarbures aromatiques et de composés organiques volatils.

également de considérer la faible hauteur des cheminées des installations individuelles qui ne sont pas toujours en mesure de disperser les concentrations locales de polluants. Les risques sont liés à l'inhalation des rejets et à la contamination de la chaîne alimentaire proche [69], [70].

Alors que la concentration en CO_2 de l'atmosphère n'a pas d'incidence directe sur la santé individuelle, il existe pourtant une corrélation linéaire apparente entre le taux d'émission de ce gaz à effet de serre et la morbidité-mortalité. La suppression de l'utilisation des combustibles solides (charbon, bois, autres matières organiques) ou liquides (fuel…) dans des conditions médiocres de gestion des fumées va dans le sens à la fois d'une meilleure salubrité publique et d'une réduction des émissions de gaz à effet de serre.

Par ailleurs, la biomasse étant désormais reconnue comme la première source d'aérosols carbonés partout en Europe, des évolutions technologiques et une réglementation sévère de son usage s'avèrent indispensables. De récentes études épidémiologiques soulignent la similarité des effets sur la santé entre les fumées de combustion de la biomasse (bois énergie, feux de jardin) et les produits pétroliers (diesel), tant dans la nature que dans la fréquence des troubles engendrés (affection respiratoire, cancer du poumon...). Selon l'Organisation mondiale de la santé, dans l'Europe des quinze, le chauffage domestique au bois serait en passe de devenir, à l'horizon 2020, la principale source de particules fines (PM2,5), reconnues les plus dangereuses pour la santé.

Air des villes

Dans les villes européennes, la qualité générale de l'air reste médiocre en ce qui concerne la pollution particulaire et les oxydes d'azote. 80 % des villes dépassent plus de 35 jours par an la valeur de 50 µg/m^3 en poussière[56]. À Londres, Rome, Milan et Madrid le nombre de jours de

56. Depuis le 1 janvier 2005, les concentrations en PM10 sur 24 h ne doivent pas dépasser 50 µg/m^3 plus de 35 fois par an et la concentration moyenne maximum est fixée à 40 µg/m^3.
Depuis 2005, l'Organisation mondiale de la santé (OMS) recommande comme valeur guide 20 µg/m^3. Pour les trois années 2007 à 2009, les moyennes annuelles françaises selon les milieux (rural, urbain, industriel, trafic) sont toutes dans la gamme de 20 à 35 µg/m^3.
Pour ce qui concerne les particules très fines (PM2,5), la directive européenne 2008/50/CE fixe une valeur limite annuelle de 25 µg/m^3 en moyenne annuelle à compter de 2015, le Grenelle de l'environnement fixe un objectif de 15 µg/m^3 en moyenne annuelle et l'OMS recommande 10 µg/m^3.

dépassement est quadruple. 30 % des villes dépassent les limites pour les oxydes d'azote [71], [72].

À Paris le niveau des poussières est reparti à la hausse depuis 2008 après plusieurs années de stabilité au début des années 2000. Les dépassements des valeurs limites sont désormais observés loin des zones de trafic. Les transports ne sont en cause que pour moins de 40 % des émissions. Mais les taux moyens de particules dans le métro francilien dépassent fréquemment une à quelques centaines de microgrammes par mètre cube d'air[57]. À Paris, l'exposition totale aux particules les plus fines (PM2,5) et aux oxydes d'azote serait très largement dominée par l'exposition cumulée au domicile et sur le lieu de travail.

L'origine des particules fines et de la pollution en ville est variable dans l'espace et au cours du temps. À Grenoble, une étude récente estime que le trafic urbain contribue en moyenne à 30 % de l'exposition aux particules fines (PM2,5), avec de fortes disparités. Dans une étude plus ancienne sur les villes suédoises, le trafic était à l'origine de 85 % des concentrations mesurées en oxydes d'azote et de la plupart des substances mutagènes dans l'air urbain [73]. Le programme européen Carbosol (2001-2005) a significativement changé la perception de la situation en montrant qu'en hiver 50 à 70 % des particules les plus fines, donc les plus dangereuses, sont des aérosols carbonés provenant de la combustion de la biomasse (bois énergie, feux de jardin...) et non pas des combustibles fossiles.

La contribution des deux-roues motorisés est de mieux en mieux connue quant à la pollution de l'air, ses effets sur la santé, l'exposition au bruit, et les accidents qu'ils impliquent. Selon Airparif, à l'horizon 2015, sans mesures correctives, ils deviendront des sources encore plus importantes de monoxyde de carbone (25 % des émissions) et des composés organiques volatils (41 %). Des résultats similaires ressortent des études menées à Rome et Milan. Pour la ville de Rome, où les deux-roues sont six fois plus nombreux qu'à Paris, 350 morts par an, soit 1,5 % de la mortalité seraient statistiquement imputables à la pollution qu'ils engendrent [73], [16].

Smog

Dans le passé, les pollutions de l'air étaient en général des problèmes de fumées qui associaient avant tout le dioxyde de soufre et les poussières. L'utilisation de combustibles fossiles chargés en soufre en était la cause

57. L'Organisation mondiale de la santé situe le seuil d'information de la population à 50 µg/m^3 ; le gouvernement français envisageait fin 2007 de le placer vers 100 µg/m^3.

première. Elles avaient un caractère largement local (smog) ou régional (pluies acides).

Un des évènements marquants de ce type de pollution est apparu à Londres en décembre 1952. Il cumulait trois effets : des conditions météorologiques d'inversion (une couche chaude surmonte des couches plus froides près du sol et y confine les polluants qui s'y accumulent), des quantités élevées de dioxyde de soufre et de poussières issues notamment des installations de combustion du charbon, et une forte humidité atmosphérique – en fait du brouillard – qui catalysa la transformation du SO_2 en acide sulfurique. En deux semaines, près de 4 000 personnes trouvèrent la mort, notamment celles souffrant de maladies chroniques des voies respiratoires, et de nombreuses personnes furent malades (toux, vomissement, affection du nez et de la gorge). Le terme smog signifie clairement la conjonction de fumée (smoke) et de brouillard (fog). Durant une semaine, les concentrations en contaminants furent 5 à 10 fois supérieures aux valeurs guides actuellement fixées par les directives européennes. D'autres épisodes de pollution apparurent en 1956 (mille décès), 1957 (sept cents à mille décès) et 1962 (340 décès). L'interdiction de la combustion du charbon à Londres fut la mesure la plus efficace pour réduire l'apparition de ce type de smog, mais cela ne suffit pas aujourd'hui pour que soient respectées les normes européennes en vigueur pour la qualité de l'air.

Pluies acides

L'eau de pluie est naturellement acide, avec un pH autour de 5-5,6, car elle dissout une partie du dioxyde de carbone présent dans l'air. Cette acidité dissout les minéraux présents à la surface du globe. Mais cette acidité a été considérablement renforcée au XXe siècle (pH entre 4 et 4,5) sous l'effet de l'augmentation des rejets polluants, notamment le dioxyde de soufre, les oxydes d'azote, très liés à la combustion des matières fossiles, ainsi que le chlore[58]. Après réaction chimique avec la vapeur d'eau, ces gaz forment de l'acide sulfurique, de l'acide nitrique et de l'acide chlorhydrique qui contribuent à acidifier le sol et les eaux, au point d'avoir été accusés de faire dépérir les forêts situées notamment à proximité des grands centres industriels européens [29].

Les premières mesures d'analyse des eaux de pluie remontent à 1850. Selon les mesures de l'époque, la pluie de Paris était très chargée en

58. Les oxydes d'azote NO_x sont issus majoritairement du transport routier (49 %) et le SO_2 des centrales thermiques de production d'électricité (52 %) et à un moindre degré des industries manufacturières (26 %) [74].

arsenic (issu de la combustion du charbon de bois), et surtout d'ammoniac, dégagé par l'urine des habitants (avant l'installation du tout à l'égout) et des chevaux.

En milieu urbain, les pluies acides accélèrent la détérioration des éléments de construction (immeubles, statues, toitures en zinc) et peuvent remettre en suspension des noyaux lourds (plomb, cuivre, cadmium, mercure…).

L'utilisation de hautes cheminées permet la dilution des contaminants. Elle a aussi pour conséquence leur transport sur de longues distances. Ainsi des modèles tendent à montrer que plus des deux tiers des dépôts de soufre en France tirent leur origine des pays voisins. La France exporte d'ailleurs en quantités voisines ses propres émissions.

L'alerte aux pluies acides a été à son maximum dans les années 1980. Depuis, les rejets polluants ont diminué. Avec la diminution des émissions d'oxydes de soufre et d'azote chez les industriels et la diminution du soufre dans les carburants, les retombées en zinc dans les eaux de ruissellement diminuent [29].

L'utilisation des combustibles fossiles, liée notamment à la production et à la transformation énergétique (raffinerie, centrale électrique, chauffage au fuel ou au charbon industriel et domestique) est de loin la première source de production de dioxyde de soufre. Ainsi, en France, les deux grandes zones de rejet de SO_2 sont la Seine-Maritime et les Bouches-du-Rhône, où se trouvent notamment des activités de raffinage.

La grande source naturelle de dioxyde de soufre provient des volcans. Dans l'hémisphère nord, les émissions de dioxyde de soufre dues aux activités humaines sont supérieures aux émissions naturelles. C'est l'inverse dans l'hémisphère sud. L'hémisphère nord est aussi celui où se trouvent les plus fortes concentrations en monoxyde de carbone.

Oxydes d'azote et pics d'ozone

Les oxydes d'azote ont déjà été mentionnés dans le paragraphe sur les pluies acides. Les voici dans un autre rôle de précurseur des pics de pollution à l'ozone.

La production d'ozone est un exemple où le polluant n'est pas émis en tant que tel mais résulte de l'interaction de produits qui pris séparément n'ont pas un caractère nocif aussi marqué. L'ozone est un polluant secondaire à l'odeur caractéristique. C'est un oxydant très puissant, utilisé comme désinfectant.

Environ 90 % de l'ozone se trouve dans la stratosphère (voir ci-après le paragraphe sur le trou d'ozone), et seulement 10 % dans l'atmosphère que nous respirons (troposphère). C'est un polluant rencontré initialement à Los Angeles, ville qui fait le pendant de Londres pour ce que d'aucuns qualifient de smog d'été. Cette pollution est désormais présente depuis quelques années en Europe. Elle tire son origine de quatre conditions : une couche d'inversion météorologique confinant la pollution, deux contaminants initiaux qui sont des oxydes d'azote d'une part[59], des hydrocarbures ou du monoxyde de carbone d'autre part, tous trois largement émis par la circulation automobile, et, enfin, un fort ensoleillement catalysant les réactions.

La concentration d'ozone qui se forme passe par un maximum aux alentours de midi. En effet, en fonction des polluants présents et des interactions avec la végétation, d'autres réactions susceptibles de détruire l'ozone interviennent. Il en résulte que paradoxalement, c'est dans les zones éloignées des sources de pollution, donc éloignées des villes et zones industrielles, que l'ozone formé subsiste le plus longtemps. Des mesures effectuées en région grenobloise ont ainsi mis en évidence que les concentrations moyennes en ozone étaient plus fortes dans les sites ruraux de montagne qu'en ville. Au bilan, et en dehors des pics de pollution, la teneur moyenne en ozone de la basse atmosphère augmente d'année en année [75].

Les composés organiques volatils (COV), dont font partie les hydrocarbures, sont en teneur volumique plus élevée dans les villes et zones industrielles, du fait des émissions tant industrielles que résidentielles et de la circulation. Le méthane, qui est aussi un COV, est plutôt émis par les zones humides, les rizières et l'élevage du bétail (ruminants). Les COV résident plus ou moins longtemps dans l'atmosphère selon la longueur de leur chaîne carbonée. Ainsi, le méthane est détruit en quelques années dans la troposphère sous l'action des radicaux OH.

Ce qui se passe pour les hydrocarbures en présence d'oxydes d'azote est un des aspects des processus d'interaction avec le rayonnement solaire. Heureusement, dans beaucoup de cas, le rayonnement solaire conduit à la destruction des molécules complexes polluant l'atmosphère et à leur solubilisation dans l'eau de pluie. Une des applications connues de cet effet est le blanchiment du linge au soleil. Selon les cas, les processus de purification de l'atmosphère combinent l'action du soleil, celle de l'humidité ambiante (via les radicaux OH ou par simple solubilisation), et le lavage par la pluie ou plus efficacement encore par la neige.

59. Parmi les oxydes d'azote, l'oxyde NO_2, qui, en présence d'humidité, conduit à la formation d'acide nitrique (il participe pour 10 % environ aux pluies acides), est dangereux pour la santé. Les oxydes d'azote trouvent leur source principale dans le transport routier.

Aérosols et poussières

L'origine des poussières en suspension a quatre grandes sources : les pratiques agricoles et sylvicoles, la combustion (notamment celle du bois et plus généralement de la biomasse), l'industrie et le transport. La part de ce dernier secteur tend à décroître compte tenu des progrès des moteurs diesels[60].

Des données récentes obtenues dans le cadre du programme européen Carbosol ont permis d'identifier les parts respectives des combustibles fossiles (transport, industrie, chauffage au fioul et au gaz) et de la biomasse (chauffage au bois, feux de végétaux...) dans les particules carbonées en suspension. En Europe la combustion mal contrôlée (absence de filtres...) de la biomasse (combustion incomplète, combustion aggravée par l'humidité des bûches, feux de cheminée, feux agricoles, feux de jardin...) serait ainsi responsable en hiver de 50 % à 70 % de la masse des aérosols carbonés. Ce résultat est valable partout, aussi bien pour les masses d'air près du sol qu'en altitude et partout en Europe, du Portugal à la Hongrie, en passant par le Puy de Dôme et le Mont Blanc. Ces résultats recoupent ceux déjà obtenus en Suisse en 2004 (aérosol urbain de Zurich) où la combustion de la biomasse était responsable d'au moins 40 % de la pollution en particules carbonées.

Figure 6.1 Les combustions sont une des premières causes de pollution de l'atmosphère.

60. Dans son rapport de 2002 [60], l'Institut français de l'environnement estimait qu'une majorité des émissions d'aérosols et de poussières (près de 40 %) était due au transport routier. Les estimations plus récentes indiquent une proportion réduite entre 8 % et 15 %, les taux plus élevés étant observés en ville.

Une manière de limiter la pollution particulaire à l'échelle continentale, notamment en hiver, consisterait dès lors à changer les pratiques de combustion de la biomasse, par des évolutions technologiques et une réglementation sévère limitant ses modes d'utilisation [76]. Au Québec, 47 % des particules fines sont issues de la combustion du bois en secteur résidentiel, 33 % de l'industrie, et 17 % des transports [77].

Il est d'usage de classer les particules selon deux catégories : celles de diamètre inférieur à 10 µm (PM10) et celles de diamètre inférieur à 2,5 µm (PM2,5). Pour ces particules plus fines, les émissions dues à la combustion du bois pour le chauffage domestique sont là aussi prépondérantes (34 % des émissions) et celles dues aux véhicules diesel sont significatives (14 %)[61] [71]. Par ailleurs, la lutte contre cette forme de pollution est rendue complexe par le fait qu'une partie des fines particules provient également de la transformation chimique, dans l'atmosphère, de polluants tels que le dioxyde de soufre, les oxydes d'azote ou les composés organiques volatils. On parle alors de particules secondaires [71].

Les particules les plus grosses (PM10) disparaissent de l'air ambiant en quelques heures par sédimentation et lavage par la pluie. Les particules plus fines (PM2,5) peuvent rester en suspension pendant des jours, voire des semaines et donc parcourir de longues distances.

Dans les années 1930, les prairies de l'ouest des États-Unis ont été parcourues par des tempêtes de poussières dues aux conditions de sécheresse et aux techniques agricoles. L'analyse des sédiments montre que la situation a encore empiré depuis cette période baptisée « bol de poussières ». Les dépôts de poussières sont désormais cinq fois plus importants. Ils sont mis en relation avec la construction des voies ferroviaires, l'avènement de l'élevage à grande échelle et l'augmentation de la population.

Les aérosols sont importants par leur impact à la fois sur la santé et sur le climat.

Les poussières réduisent le rayonnement solaire de 15 à 20 % au-dessus des villes comparées aux zones rurales. Ce phénomène peut aussi être constaté au-dessus de l'océan indien, pollué par l'usage de la combustion du bois et de la biomasse pour la cuisine. La pollution de l'atmosphère influence la quantité de précipitations. Ainsi, dans son rapport sur l'eau paru en 2003, le sénateur Gérard Miquel relate que, dans les grandes métropoles urbaines, il pleut en moyenne un tiers de moins le samedi et le dimanche que le jeudi et le vendredi, jours où le réchauffement et la pollution sont au maximum [29].

61. Source CITEPA.

Les poussières sont d'excellents porteurs de substances peu volatiles nuisibles à l'environnement telles des métaux lourds. Mais on y trouve aussi à peu près tous les éléments et de nombreux microorganismes ou composés organiques. Ils affectent par exemple les personnes sensibles au rhume des foins ou aux poussières de la moisson. Chez l'homme, les grosses particules sont arrêtées par le nez et les premières muqueuses, mais les particules fines pénètrent beaucoup plus profondément et s'éliminent très lentement, voire se dissolvent dans le sang et entraînent diverses réactions allergiques ou toxiques. Les études récentes montrent la similarité des effets sur la santé entre les fumées de combustion de la biomasse et des produits pétroliers (diesel).

Les brouillards naturels se conjuguent parfois avec les émissions liées à l'activité humaine, notamment celles issues de la combustion, pour former des aérosols plus gênants : pollutions automnales, pollutions autour des villages des vallées de montagne où les habitations sont chauffées au bois, smog londonien déjà mentionné.

De nos jours, c'est en Asie du sud-est que se rencontrent plus particulièrement ces atmosphères brumeuses, parfois jusqu'à plus de 200 jours par an. Les feux de végétaux, de forêts et de tourbières, notamment en Indonésie, confèrent à ces brumes un caractère étouffant et malsain[62].

En 1997-1998 l'Indonésie a connu des incendies de forêt prolongés et incontrôlés engendrant une brume sèche qui s'est propagée jusqu'aux Philippines, à Singapour et dans certaines parties de la Malaisie, de la Thaïlande et du Viet Nam, touchant une population totale de plus de 200 millions de personnes. Près d'un million d'hectares de forêts, de plantations et de broussailles, essentiellement à Sumatra et au Kalimantan, ont brûlé sans discontinuer de juillet à octobre 1997. Cet événement catastrophique a été suivi par d'autres feux au début de 1998.

La brume de fumée a affecté la santé des populations en Indonésie et dans les pays voisins, provoquant une augmentation de l'incidence de l'asthme, des infections respiratoires aiguës et de la conjonctivite, avec augmentation significative des hospitalisations. Le groupe le plus vulnérable était celui des personnes de plus de 65 ans. Les effets à long terme sur la santé de l'exposition à cette brume sèche ne sont pas encore connus [34].

Parmi les aérosols naturels, les aérosols de sel de mer occupent une place importante. Les éruptions volcaniques sont également sources de

62. Vers le milieu de l'année, il est fréquent que des agriculteurs ou des sociétés de plantation brûlent volontairement la végétation pour préparer la saison des plantations. Les feux de forêts, aggravés en année sèche, ont également un impact considérable sur l'atmosphère.

poussières et d'aérosols. Quant aux poussières désertiques arrachées par les vents, elles peuvent arroser et ensemencer toute la planète. Ces poussières sont transportées par les vents en haute altitude. Des chercheurs estiment que 800 millions de tonnes de telles poussières se déposeraient chaque année sur l'ensemble de la planète, soit 1 600 fois les émissions françaises de poussière mentionnées par l'Institut français de l'environnement.

En avril 2001, un gros nuage de poussière né dans le désert de Gobi, en Chine, a fait le tour du monde par l'est, traversant la Corée, le Japon, l'océan Pacifique (en cinq jours), l'Amérique du Nord, l'océan Atlantique et enfin l'Europe[63]. Ce phénomène a été suivi par un satellite de la Nasa. Des poussières de ce même désert ont récemment été identifiées dans les neiges des Alpes. Plus communément, il n'est pas rare que les régions du sud de la France reçoivent du sable en provenance du Sahara [55].

L'atmosphère dans les locaux

En France, les citadins passent plus de 80 % de leur temps à l'intérieur de locaux (domicile, lieu de travail). Cette proportion est même plus grande pour certaines catégories de la population : jeunes enfants, personnes âgées et malades. Sur la quinzaine de mètre cube d'air qu'un individu respire chaque jour, plus d'une douzaine est de l'air intérieur, et représente le volume d'une petite pièce d'habitation telle une chambre. Un environnement confiné a une influence sur la santé des personnes. La présence d'animaux domestiques réagit sur cet environnement intérieur des habitations, et le comportement des occupants induit parfois des dangers supplémentaires.

Le monoxyde de carbone est issu de la combustion dite incomplète. Ce gaz est très toxique. Dans la majorité des cas, les intoxications sont dues à l'utilisation défectueuse d'une installation de chauffage ou de production d'eau chaude, quel que soit le combustible usé (bois, charbon, gaz, fuel). Sur ce point, les spécifications des meilleurs âtres individuels pour le bois sont pourtant bien moins contraignantes que celle des incinérateurs industriels. Des groupes électrogènes autonomes sont parfois aussi à l'origine d'intoxication au monoxyde de carbone lors des pannes de courant. En France, chaque année, près de 6 000 personnes sont hos-

63. Les tempêtes printanières de poussières sont de plus en plus fréquentes et toxiques en lien avec la croissance économique de la Chine. Arrivée en Corée, elles peuvent conduire à des fermetures d'école et les autorités sanitaires conseillent de porter des masques certains jours. Les personnes sensibles sont plus directement affectées (enfants, personnes âgées, malades respiratoires).

pitalisées et 300 décèdent à cause de ce gaz incolore, inodore et mortel. C'est la première cause de mortalité accidentelle par toxique. Ces accidents peuvent laisser des séquelles à vie.

Outre le dégagement de monoxyde de carbone, les dégagements de fumée des appareils anciens ou des foyers ouverts autour desquels des familles ont pris l'habitude de se rassembler pour unc flambée, l'usage de bois vert, humide, ou de mauvaise qualité tels que des bois souillés par des produits de traitement ou des peintures peuvent libérer aussi de nombreux polluants et goudrons[64].

L'Afrique noire, l'Inde et la Chine sont particulièrement touchées par les méfaits de la combustion dans les locaux. Des fourneaux à bois et résidus divers, qui ne sont guère efficaces, placés à l'intérieur d'un foyer généralement de petite taille où s'entasse une famille nombreuse, émettent des fumées nocives (particules toxiques et monoxyde de carbone) à l'origine de nombreuses maladies respiratoires : pneumonies, bronchites et asthmes. L'Organisation mondiale de la santé estime que dans la vingtaine de pays les plus touchés, 5 % de la mortalité et de la morbidité sont liées à la pollution de l'air intérieur. Elle chiffre à 2 millions le nombre de décès prématurés (majoritairement des bébés et des enfants) provoqués chaque année dans le monde par la combustion dans des fours de mauvaise qualité utilisant la biomasse (bois, résidus agricoles et fumier). Au-delà des conséquences évidentes de l'environnement délétère subi par les femmes enfumées devant leurs fourneaux, une possible corrélation en Europe centrale entre cancer du poumon et chauffage au charbon ou au bois a été récemment identifiée. En zone d'habitat isolé, l'installation de cheminées efficaces peut suffire par temps aéré à disperser les toxiques issus de la combustion. En habitat plus concentré, cette méthode atteint ses limites, et une solution réside alors dans l'interdiction des combustibles solides (biomasse et charbon) qui sont les plus polluants[65].

64. En France, le monoxyde de carbone était émis il y a une dizaine d'années pour moitié par le transport routier, le reste étant dû aux émissions industrielles et aux émissions de l'habitat et du secteur tertiaire. L'usage croissant des pots catalytiques sur les véhicules a entraîné une baisse significative de la production par le secteur transport. L'industrie a également fortement réduit ses émissions (d'un facteur 5 en 25 ans).

65. En 2003 en France, le chauffage au bois concerne près d'une maison individuelle sur 2, soit 6 millions de ménages, et moins de 3 pour mille du bois commercialisé était labellisé NF bois de chauffage. Le fort développement des inserts bois dans les maisons individuelles chauffées à l'électricité constitue un souci tant sur la qualité de l'air intérieur (adaptation de la ventilation qui représente environ 30 % des besoins de chauffage) que sur celle de l'environnement proche [16].

Les autres sources possibles de contaminants intérieurs des logements sont nombreuses. Parmi les plus courantes, on citera les produits issus du bois et de leur traitement de protection, les colles, les produits à pulvériser, les peintures, les produits de bricolage et les produits d'entretien et leurs solvants, la fumée de tabac (qui contient plus de 6 000 composés) et d'encens, les contaminants biologiques (champignons et moisissures, acariens, poussières de coton et laine, mites...), l'amiante, le plomb des anciennes peintures, les produits de pyrolyse lors des préparations culinaires. Plusieurs de ces produits sont des sources d'émission durable, parfois reconnaissables aux odeurs caractéristiques de certains locaux. Des concentrations en contaminants supérieures à celles de l'air extérieur sont fréquemment mesurées. Cela concerne notamment les composés organiques volatils (solvants et composés hydrocarbonés), les résidus de combustion (oxydes de carbone et d'azote), les poussières (notamment chez les fumeurs[66]) [78]. La pollution atmosphérique urbaine (NO_2, SO_2, O_3, particules, benzène...) est également présente à l'intérieur des bâtiments [73].

Les cas extrêmes de pollution intérieure sont repérés par une réputation de bâtiments malsains, induisant des symptômes de mal-être (irritations oculaires ou cutanées, allergies, maux de tête, fatigue, infections fréquentes...). À noter que certaines limites olfactives sont beaucoup plus basses que les concentrations induisant des effets nocifs sur la santé et toute odeur n'est pas preuve d'insalubrité.

La volonté de limiter les dépenses de chauffage peut conduire à réduire la ventilation des locaux en éliminant au mieux les fuites. Cette pratique n'est pas sans conséquence. Elle favorise l'humidité intérieure et l'apparition de moisissures, causes d'aggravation chez les personnes souffrant d'asthme[67]. Inversement elle ne favorise pas l'élimination des émanations de solvant des divers matériaux présents ou des produits ménagers utilisés.

La pratique de l'aspirateur, très efficace pour éliminer les grosses poussières, peut, selon les modèles et leur performance, favoriser la

66. En France, le tabac est responsable de 60 000 décès par an, dont moitié par cancer. C'est la première cause de cancer en France, soit près du quart des cancers. Il est mis en cause dans 85 % des cancers bronchiques, 54 à 87 % des cancers des voies aéro-digestives supérieures, 40 % des cancers de la vessie et 30 % des cancers du pancréas. (Source : site Internet du Ministère de la santé)

67. L'humidité est le facteur prépondérant dans la prolifération des moisissures. La proportion de bâtiments présentant de tels développements a pu être estimée entre 20 % et 50 % en Europe du Nord et en Amérique du Nord. Dans de telles habitations, le risque de maladies allergiques et de bronchites chez l'enfant est multiplié par un facteur 1,5 à 3,5.

création d'aérosols (très fines poussières en suspension dans l'air) très allergisants pour les personnes sensibles. Une étude récente sur les modèles du commerce évalue à 1 % ou moins les fines poussières mises en suspension et rejetées [79].

Pour lutter contre ces différents effets néfastes, les principes sont le retrait des causes, des sources ou des lieux d'accumulation les plus marquants de contaminants indésirables, une aération régulière des locaux, des literies, vêtements et tissus d'ameublement, une aération spécifique chaque fois que des contaminants ont pu être évaporés ou dispersés, y compris la vapeur d'eau issue des salles de bain et cuisines qui contribue à la prolifération des moisissures et des acariens, le maintien en service de la ventilation mécanique quand elle existe.

Une attention particulière est portée depuis plusieurs années à l'amiante. L'amiante est une fibre minérale de dimension micronique connue depuis plusieurs millénaires. Elle est utilisée pour ses propriétés mécaniques et sa résistance au feu (flocage et calorifugeage dans les constructions). Son risque cancérigène a d'abord été identifié comme maladie du travail. Ce n'est qu'avec la croissance du nombre de mésothéliome, un cancer particulier de la plèvre, que ce risque a été retenu pour l'ensemble de la population et que l'usage de l'amiante a été réglementé. Cinq cas d'exposition passive ont ainsi été diagnostiqués sur le campus de l'université Jussieu à Paris, une dizaine autour d'une usine d'amiante.

Le radon peut aussi être présent dans certaines habitations. Le risque a été mis en évidence de longue date en milieu professionnel chez les mineurs. On parlait alors de l'air dangereux des profondeurs qui entraînait des maladies du poumon, en fait un cancer. L'identification de la cause radon et de ses descendants prendra toute la première partie du vingtième siècle, depuis la découverte de la radioactivité jusqu'aux mesures dosimétriques sur les lieux de travail dans les années cinquante.

Le radon peut être détecté partout à la surface de la terre, mais plus particulièrement en terrains granitique ou volcanique. Il entre dans les maisons par différentes voies (fissures, passages de canalisation…) et s'accumule dans les endroits clos (cave, vide sanitaire…). Une maison étanche par rapport au sol et aérée exposera moins ses occupants qu'une maison mal ventilée.

La nocivité du radon fait désormais consensus au niveau international. Le radon est considéré comme la deuxième cause de cancer du poumon derrière le tabac, soit pour la France 1 500 à 3 000 décès par an[68]. Il est

68. En France, le cancer du poumon est responsable de plus de 27 000 décès par an, essentiellement du fait du tabagisme.

désormais admis que ce risque est proportionnel à l'exposition au radon et qu'il est significatif pour des expositions continues pendant trente ans à partir de concentrations de radon supérieures à environ 200 Bq/m^3. Toutefois, aucun seuil n'étant connu, une exposition minimale sera recherchée. La synergie du tabac et du radon est particulièrement néfaste.

L'Organisation mondiale de la santé a ramené l'ancienne limite de 1 000 Bq/m^3 à une valeur de référence si possible de 100 Bq/m^3, et en tout cas inférieure à 300 Bq/m^3 [80], [81], [82].

Trou d'ozone dans la stratosphère

Près de 90 % de l'ozone atmosphérique se trouve dans la stratosphère, notamment dans une couche située entre vingt et vingt-cinq kilomètres d'altitude. C'est le seul composant de la stratosphère qui absorbe le rayonnement ultraviolet venant du soleil. Il protège ainsi la vie sur terre, tant les hommes que les microorganismes ou le phytoplancton marin. La dégradation de cette couche d'ozone est le résultat d'une pollution lente et étendue de l'atmosphère (tout comme pour l'effet de serre). Elle est catalysée par le chlore dont la principale source est la famille des chloro-fluoro-carbones produits par l'homme. Ces composés sont très stables, non toxiques et très commodes à utiliser comme fluides frigorigènes ou gaz propulseurs dans les produits conditionnés sous forme d'aérosols sous pression. Leur durée de vie dans l'atmosphère se chiffre en siècles.

La production mondiale de CFC en 1998 était de 800 000 tonnes, soit une centaine de grammes par habitant, et cela a été estimé suffisant pour être la cause principale des trous constatés dans la couche d'ozone, d'une surface équivalente à celle du continent européen. En France, la production de CFC s'est progressivement arrêtée entre 1988 et 1995. Le protocole international de Montréal prévoit diverses interdictions prenant effet entre 1994 et 2030, selon les produits considérés susceptibles d'appauvrir la couche d'ozone. Des échéances spécifiques s'appliquent aux pays en voie de développement [75].

Dioxine

Par dioxine, on désigne une famille de 75 molécules organochlorés différentes qui ont en commun une très grande affinité pour les graisses. Elles s'accumulent tout au long de la chaîne alimentaire. Par suite, c'est l'alimentation (viande, produits laitiers, poisson, crustacés), et non l'atmosphère, qui nous apporte près de 90 % des dioxines. Les dioxines (et les furanes qui sont un autre polluant organique) ont une très grande stabilité chimique et une faible solubilité dans l'eau.

Les dioxines sont un sous-produit de toutes les combustions en présence de chlore. Elles s'adsorbent naturellement sur les poussières émises. Il y a une douzaine d'années, la moitié des dioxines et furanes avait leur source dans l'incinération notamment des ordures ménagères, plus de 70 % si on y adjoint le chauffage (individuel et collectif), indépendamment des 25 % émis par les fours industriels et autres sources [69]. Les émissions des incinérateurs d'ordures ménagères ont évolué de 1 000 g par an en France en 1995 à 250 grammes par an en 2001. Elles devraient se situer actuellement autour d'une dizaine de grammes par an. Désormais, l'ensemble des 123 incinérateurs français en 2007 produit trois fois moins de dioxines que la combustion du bois[69].

À Halluin dans le Nord en 1998, les vaches de deux élevages situées à proximité d'un incinérateur présentaient des taux de dioxine trois à cinq fois supérieurs à la norme autorisée. Les trois incinérateurs de la région ont aussitôt été définitivement arrêtés et le bétail de seize agriculteurs abattus. Fin 2001, le nouveau bétail présente également des taux excédentaires de dioxine et doit être abattu. Les experts concluent à la présence résiduelle de dioxine dans les terres.

L'origine de la dioxine n'est pas toujours simple à identifier. Ainsi en 2007, une contamination du lait est constatée dans 36 exploitations de la région de Redon en Île et Vilaine. Faute de cause industrielle évidente, les soupçons se portent sur l'alimentation du bétail.

L'industrie chimique peut être source de dioxine lorsqu'elle met en œuvre ou commercialise des produits chlorés. La nature produit aussi des dioxines. La décomposition biologique de la biomasse ou compost conduit à la formation de chlorophénols puis de dioxine susceptible d'imprégner l'environnement proche. On en trouve également dans les boues biologiques urbaines. Les dioxines sont ainsi présentes dans tous les milieux et sur tout le globe terrestre. De ce fait, et hormis certains points chauds à côté de vieux incinérateurs ou d'autres sources, les contenus au sol les plus élevés en dioxine sont dans les forêts, et non pas dans les zones industrielles ou de circulation intense.

L'exposition moyenne de la population se chiffre entre un et deux picogrammes par jour et par kilogramme de poids corporel, soit un gramme par an pour l'ensemble de la population française. En d'autres

69. Début 1997, seules trente des soixante dix usines de capacité supérieure à six tonnes respectaient la réglementation. Début 2003, l'ensemble du parc respecte la réglementation de 1991 et se prépare à mettre en œuvre celle de 2002. Selon le Ministère de l'écologie, un ou deux cas sérieux de dépassement des autorisations de rejet ont été constatés en 2006. La réglementation prévoit un contrôle des rejets de dioxine au moins deux fois par an.

termes, cette contamination est équivalente à celle causée par un morceau de sucre qui tomberait dans une piscine olympique une fois tous les cinq ans[70].

C'est un accident de rejet de quelques kilogrammes d'une dioxine, lors d'une explosion dans une usine chimique en 1976 à Seveso en Italie, qui a conduit à donner comme nom de baptême à la directive européenne sur les installations les plus dangereuses le nom de directive Seveso (juin 1982). La dioxine produite à Seveso est une des substances les plus toxiques issues des procédés de l'industrie chimique. Les manifestations immédiates[71] du rejet de dioxine à Seveso ont été des nausées, des maux de tête, des irritations oculaires et, après le sixième jour, l'acné chlorique dont ont souffert près de deux cents enfants et quelques adultes parmi les 5 750 personnes les plus exposées. Trois décennies plus tard, les effets tardifs qui se sont manifestés dans la cohorte des gens les plus exposés sont une augmentation de certains cancers (moins de quelques dizaines de personnes), des effets endocriniens (accroissement des cas de diabète), des effets cardiovasculaires, un moindre nombre de garçons dans la descendance, et plus récemment une augmentation des cancers du sein. Le faible nombre de personnes touchées rend ces constats statistiques encore fragiles [83], [84], [85].

Bhopâl

Comme à Seveso, l'exemple qui suit est celui d'une pollution accidentelle, très différente de ce qui se passe quand des effluents sont plus ou moins volontairement dispersés (dioxines à la cheminée d'un incinérateur, DDT, nitrates et pesticides…). C'est la plus grande catastrophe de l'histoire de la chimie, avec dispersion de produits qui auraient dû rester confinés conformément au fonctionnement normal des installations.

À Bhopal, capitale de l'État indien Madhya Pradesh, le 3 décembre 1984, en deux heures, 24 tonnes d'isocyanate de méthyle gazeux et liquide, produit intermédiaire dans la fabrication d'un herbicide, et 12 tonnes d'un autre produit de réaction s'échappèrent d'un réservoir de la société Union Carbide India limited. Plusieurs milliers de personnes trouvèrent la mort peu après l'accident et 200 000 personnes furent atteintes de maladies de la peau et des muqueuses (lésions oculaires,

70. Cette exposition est proche de l'objectif retenu par le conseil supérieur d'hygiène publique de France qui est de 1 pg/kg/j.

71. Trois zones de contamination ont été identifiées. Elles comportaient respectivement 750 habitants pour la zone la plus contaminée, 5 000 habitants en zone intermédiaire, et 30 000 habitants en zone faiblement contaminée et couvraient 15 km^2.

œdèmes des poumons) [75]. Une moitié d'entre elles continuent à souffrir d'affections respiratoires, ophtalmiques, reproductrices, endocriniennes, gastro-intestinales, ostéo-articulaires, neurologiques et psychologiques en relation avec cet évènement. L'OMS estime qu'un accident similaire pourrait se reproduire : la production et l'utilisation de produits chimiques ont été multipliées par dix dans le monde au cours des trente dernières années, particulièrement dans les pays en développement [34].

Eau

Source et milieu de vie, solvant de lavage et de transport de minéraux, régulateur thermique, l'eau possède des propriétés remarquables et essentielles à tous les êtres vivants et au maintien des propriétés environnementales de la planète terre. La majeure partie de l'eau se trouve dans les océans (97 %) et représente 300 fois la masse de l'atmosphère. Le reste est dans la glace et la neige notamment aux pôles (2 %) et dans les nappes phréatiques (moins de 1 %). Les lacs et les fleuves ne contiennent qu'un dix millième et l'atmosphère un cent millième de l'eau libre. L'eau douce accessible aux activités humaines a une masse voisine de celle de l'atmosphère. Elle présente des fragilités similaires.

Dans la nature, l'eau pure n'existe pas car c'est un excellent solvant qui contient au moins du gaz carbonique, de l'oxygène et de l'azote dissous.

Pour les hommes, le phénomène naturel des crues extrêmes est celui qui génère le plus de dommage dans le monde entier. Le cycle naturel de l'eau n'a donc pas toujours un comportement favorable[72].

En France, les quatre grands usages de l'eau douce sont répartis entre la distribution publique, l'industrie, l'énergie et l'irrigation. Environ 60 % des volumes sont prélevés pour le refroidissement des centrales électriques (nucléaire, charbon, fuel, ou gaz) ; mais seule une partie s'évapore, équivalente à l'un des trois autres usages, tandis que la majorité retourne rapidement au milieu à proximité du lieu de prélèvement légèrement échauffée. Les usages pour l'irrigation sont en forte croissance.

72. La revue *Sciences et vie junior* a édité en janvier 2001 un dossier hors série n° 43 sur toutes sorte de dangers naturels : tornade, séisme, éruption volcanique, feu, avalanche de neige, sécheresse, déluge, inondation, maladie, épidémie, (tempêtes solaires), invasion de criquets, CO_2 mortel dégagé par le lac Nyos au Cameroun, foudre, chute de météorite, cyclone, réchauffement de la planète.

Eau potable

La consommation d'eau par habitant est très variable d'un pays à l'autre : moins de 10 litres par jour dans certaines zones défavorisées à 200 litres par jour et par habitant à Paris et même près de 350 litres si on y inclut les consommations du secteur tertiaire et des petites entreprises. Actuellement 25 % des besoins en eau sont issus des nappes phréatiques. Les pays qui font le plus appel à cette ressource fossile sont les pays du sud moins favorisés en ressources de surface.

Figure 6.2 Dans de nombreux pays, l'eau est une ressource rare.

L'ensemble des terres émergées de la planète reçoit sous forme de pluie ou de neige plus de 6 000 m^3 d'eau par an pour chacun de ses habitants, soit une moyenne de 15 m^3 par jour et par habitant. Ces ratios sont encore près de cent fois supérieurs à ceux du paragraphe précédent, mais ils ne prennent pas en compte l'ensemble des êtres vivants, notamment les plantes, qui font aussi appel à cette ressource.

Sur le plan sanitaire, le risque bactériologique reste le risque le plus élevé, avant les différentes contaminations évoquées ci-après. En France aussi, c'est sur ce critère que les accidents de non-conformité aux normes de potabilité en vigueur sont les plus fréquents.

La désinfection de l'eau peut s'obtenir par traitement à l'ozone, mais comme celui-ci ne suffit pas à garantir la non-multiplication des microorganismes dans les conduits de distribution, une étape de chloration est aussi effectuée. La chloration est efficace contre la plupart des bactéries, et dans une moindre mesure contre les virus et les parasites.

Le plomb dans l'eau de boisson est une préoccupation légitime. Mais en terme de santé publique, elle intervient derrière les risques réels de l'exposition aux anciennes peintures contenant du plomb.

Bien d'autres contaminants sont à considérer, comme par exemple l'arsenic. La quasi-totalité de la contamination de l'eau en arsenic est d'origine naturelle. Dans un pays comme le Bangladesh, c'est un problème de santé publique, tirant son origine des conditions d'exploitation de la nappe phréatique.

Sur recommandation de l'Organisation mondiale de la santé, une teneur maximale admissible en arsenic de 10 µg/l a été fixée pour les eaux potables[73]. En France, cette réglementation ne s'applique pas aux eaux minérales et certaines d'entre elles sont chargées en arsenic. Ainsi sur 74 eaux minérales analysées en 1995 par le réseau national de santé publique, 24 présentaient des teneurs en arsenic supérieur à 10 µg/l, 4 dépassaient 50 µg/l, et 2 dépassaient 100 µg/l [29]. Notons incidemment ici que l'arsenic comme oligoélément joue un rôle important dans la croissance et la vitalité chez certains animaux comme les chèvres, les rats, les cobayes et les poules.

Contaminations agricoles

Les pollutions agricoles sont chroniques et diffuses, à l'inverse des pollutions industrielles de l'eau qui sont désormais largement maîtrisées, ou revêtent un caractère accidentel, et des pollutions en provenance de collectivités locales qui ont fait des efforts importants pour améliorer les rejets d'eaux usés.

La dégradation des eaux, tant de surface que souterraines, liée à la présence de nitrates ou de produits phytosanitaire (pesticides notamment) est incontestable. Selon l'Ifen en 2002, plus de 60 % des captages en France étaient altérés par les pesticides, et près de 30 % à un niveau qui n'aurait pas permis leur utilisation pour l'eau potable [60].

Nitrates et phosphates

En France, les ventes d'engrais azotés de synthèse rapportées à la surface fertilisable ont doublé entre 1970 et 1990. Elles ont continué d'augmenter dans les années suivantes (100 kg/ha). L'apport azoté lié aux

73. À dose élevée, l'arsenic est à l'origine de cancers de la peau (carcinomes spinocellulaire et basocellulaire).

effluents d'élevage est resté stable sur la même période (50 kg/ha). À la fin de la décennie 1990, l'apport de phosphates provient à part égale des engrais de synthèse et des effluents d'élevage (30 à 40 kg/ha pour chacune de ces deux sources).

À la fin de la décennie 1990, on estimait qu'environ 10 % de l'azote incorporé au sol n'étaient pas utilisés par les plantes. Les plus forts surplus azotés sont localisés dans les régions d'élevage intensif comme la Bretagne ou le Poitou-Charentes, et dans les régions de grande culture (Centre, Champagne-Ardenne…).

Les apports d'engrais phosphorés de synthèse par hectare ont décru de 60 à 40 kg/ha entre 1970 et 1997. Le phosphore ajouté en engrais vient remplacer celui prélevé à l'occasion des récoltes. Le phosphore est présent dans le corps humain en grande proportion, dans les os et les dents, dans les cellules pour le métabolisme énergétique ADP-ATP, dans les acides nucléiques ADN et ARN. On estime que l'augmentation d'un facteur dix des rendements de production agricole depuis deux siècles est imputable pour moitié à l'usage des engrais.

Ces apports ne sont pas restés confinés aux sols et aux cultures. L'enrichissement de l'eau en éléments nutritifs ou eutrophisation, notamment par les engrais azotés et phosphorés, conduit à la prolifération d'algues et de végétaux et à la dégradation des caractéristiques de l'eau (acidité, odeur, goût). La lumière ne pénètre plus suffisamment ; la photosynthèse est réduite et donc aussi la production d'oxygène. Le peu d'oxygène est de surcroît consommé à oxyder l'excès de résidus organiques. Les poissons et invertébrés, asphyxiés, ne peuvent vivre dans de telles eaux. Les rejets d'azote sont principalement d'origine agricole tandis que les émissions de matières organiques dans les eaux de surface sont dues à l'industrie et aux activités domestiques.

La pollution des eaux par les engrais est aussi un enjeu pour la production d'eau potable. Les nitrates sont considérés comme indésirables dans l'eau potable et les aliments à cause d'un risque cancérigène. Il faut toutefois noter que la nocivité des nitrates est aujourd'hui jugée moindre que ce que laissent supposer les normes en vigueur. En France au cours des dernières années, les concentrations excessives en nitrates aux points de captage d'eau potable ont été réduites. Pour les neuf points de captage tous situés en Bretagne qui ont encore des concentrations supérieures à 50 mg/l, l'objectif affiché est de les faire passer en dessous de cette limite d'ici fin 2009. Les moyens envisagés sont la réduction des apports azotés dans les exploitations agricoles situées à l'amont, la réduction du cheptel et la suspension provisoire du captage lorsque l'inertie du milieu ne permet pas d'espérer une amélioration suffisamment rapide.

Pesticides

La France est le premier utilisateur européen de pesticides, et le numéro trois mondial derrière les USA et le Japon. Elle est aussi le premier producteur agricole de l'Union européenne, et notamment le premier producteur de maïs, gros consommateur de pesticides. Les pesticides sont utilisés à 90 % à des fins agricoles.

Sous l'appellation pesticides, on trouve des fongicides, des herbicides, des insecticides et d'autres produits. Les matières actives qui composent les produits phytosanitaires sont multiples, complexes et ne cessent d'évoluer. Le nombre moyen de molécules analysées par les laboratoires de surveillance de la chaîne alimentaire est ainsi passé de 126 en 1997 à 215 en 2005.

Toutes ces substances peuvent être à l'origine de pollutions diffuses dans les sols, les cours d'eau et les nappes souterraines, selon leur nature, selon les doses employées et selon le milieu récepteur. On trouve également des pesticides dans l'air ambiant parisien dont l'origine principalement agricole ne fait pas de doute : l'agglomération parisienne est entourée de grandes régions d'agriculture intensive.

La présence de pesticides dans les fruits et légumes n'est pas la règle. La dernière étude de la Direction de la santé de la Commission européenne publiée en 2007 comptabilise 51 % de fruits et légumes n'en présentant aucune trace et 44 % présentant des résidus inférieurs aux limites maximales nationales ou européennes. Mais 5 % sont en infraction avec ces règles. Les dépassements sont plus fréquents dans les produits importés [86].

Des mesures de pesticides dans les eaux de pluie en Bretagne indiquent des concentrations moyennes 10 à 20 fois supérieures aux normes de potabilité en vigueur. Elles montrent aussi l'importance des conditions climatiques (les concentrations sont plus faibles en cas de pluviosité élevée), et la permanence des contaminations au moins sur plusieurs années en cas d'interdiction de certaines molécules.

Depuis le début des années 1980, un phénomène de surmortalité des colonies d'abeilles est observé à l'échelle mondiale. L'analyse faite en 2008 par l'agence française de sécurité sanitaire identifie plusieurs causes de mortalité et facteurs de risque [87]. Les agents biologiques, prédateurs (frelon asiatique…), parasites, champignons, bactéries et virus sont une des premières causes identifiées de décès. Par exemple, les agents infectieux comme l'acarien *Varroa destructor* et certains virus ont un rôle majeur dans la mortalité hivernale. Les agents chimiques (produits phytopharmaceutiques, soit 450 substances actives dans les produits commerciaux, pesticides, herbicides modifiant les habitats), la diminution de

Figure 6.3 Épandage de pesticides dans une rizière.

la biodiversité (dégradation des habitats et des ressources alimentaires) et d'autres facteurs environnementaux jouent également un rôle sur l'état de santé des abeilles. Des intoxications aiguës en saison estivale ont pu être clairement reliées à des produits phytosanitaires, notamment des insecticides organophosphorées, du fipronil..., soit par aspersion dans de mauvaises conditions, soit lors de semis pelliculés défaillants (émission de poussières). Malheureusement souvent le manque de précision des impacts (« dépérissement », « affaiblissement », « effondrement » des colonies) et l'insuffisance des études scientifiques permettent à la controverse de se développer quant à leur origine. De nombreux cas de mortalité restent dès lors qualifiés d'origine indéterminée. Les probables synergies de plusieurs causes et l'importance des enjeux économiques ajoutent à la difficulté de mise en application de remèdes adaptés (traitement médicamenteux des colonies, changement de certaines pratiques agricoles...).

Une meilleure connaissance des cycles biologiques des agresseurs végétaux ou animaux sur chaque type de culture peut permettre de réduire significativement l'usage de certains pesticides. D'autres pesticides jugés dangereux sont retirés du commerce ou leur usage interdit. La chlordécone, autorisée aux Antilles de 1982 à 1993 pour lutter contre un charançon dont la larve attaque les bulbes des bananiers, est un exemple de molécule organochlorée toxique qui s'est accumulé dans les sols là où elle a été utilisée. La contamination est durable, estimée séculaire.

L'histoire du DDT est instructive. Ce fut le premier insecticide de synthèse. Il s'est avéré très efficace contre la diffusion de nombreuses maladies comme la malaria, la fièvre jaune ou la maladie du sommeil. Mais des résistances sont apparues et aussi des concentrations chez les poissons et les mammifères. Depuis plusieurs dizaines d'années, malgré une toxicité relativement faible vis-à-vis des humains, de nombreux pays ont décidé de son abandon. Corrélativement, l'occurrence de ces maladies s'est amplifiée depuis lors.

Aux États-Unis, des plantes OGM ont été une des approches permettant de limiter très significativement l'épandage de pesticides par les agriculteurs. Cela leur permet aussi de réduire leur coût de production. Dans le monde, les principales cultures d'OGM sont en 2006 le soja et le maïs. Des études sont en cours sur les risques liés à l'utilisation des OGM selon leur nature[74]. Les expériences sont souvent controversées et donc peu concluantes.

Eutrophisation, cyanobactéries, marées vertes et prolifération de plancton marin en Bretagne

Depuis les années 1960 un nombre croissant de baies, d'anses et d'estuaires bretons est régulièrement touché par des proliférations massives d'algues vertes macrophytes. Le nombre de sites touchés augmente d'années en années (102 en 2009) et le cumul régional des surfaces couvertes par les ulves en 2009 se situait 20 % au-dessus de la moyenne des années 2002-2008. 90 000 m^3 d'algues ont été ramassés en 2009, pour un coût déclaré de 1,1 million d'euros. Les sols couverts d'algues produisent des dégagements soufrés, notamment de l'hydrogène sulfuré H_2S très rapidement mortel à haute dose[75]. L'Ineris juge hautement probable que l'inhalation d'H_2S accumulé dans des poches sous les algues soit la cause du décès de divers animaux dont plusieurs dizaines de sangliers dans l'estuaire et les alentours du Gouessant, cours d'eau des Côtes d'Armor, en juillet et août 2011 [88].

Les eaux côtières ne sont pas épargnées non plus. Le phytoplancton comprend 6 000 espèces d'algues microscopiques dont une quarantaine

74. Selon les gênes concernés, les organismes génétiquement modifiés sont par exemple capables de produire des endotoxines leur permettant de résister à certains insectes, ou sont tolérants à certaines catégories d'herbicides, ou n'expriment plus certains gènes originels ce qui conduit à une modification des caractéristiques de la plante (composition, comportement à maturité...).

75. L'hydrogène sulfuré ou H_2S est un gaz incolore, plus lourd que l'air à l'odeur fétide caractéristique (œuf pourri). Passée la concentration de 100 ppm dans l'air, une anesthésie olfactive se produit et le gaz n'est plus détecté par l'homme.

est toxique pour la faune marine et les humains. Ces toxines sont susceptibles de s'accumuler dans les coquillages (moules, palourdes, huîtres, coquilles Saint-Jacques), interdisant épisodiquement leur vente et leur ramassage. Entre 2000 et 2009, du phytoplancton toxique a été identifié pendant 461 mois cumulés en Bretagne. Les sites les plus touchés sont Douarnenez, l'Iroise et Camaret, et la rade de Brest [89].

Sur le continent, une profonde dégradation des rivières et réseaux d'eau douce est constatée. Dans les années 1960-1970 les haies, talus et zones végétales en bordure de rivière ont été massivement supprimés et les pratiques agricoles ont été profondément modifiées. Ruissellement, érosion et pollution en ont résulté. La pollution a favorisé le développement de cyanobactéries dangereuses pour la santé humaine et animale. De ce fait, durant l'été 2010, un tiers des zones de baignades et de loisirs en eau douce a fait l'objet d'une interdiction ou d'une limitation d'usage. Depuis 2006, ces toxines n'ont pas dépassé le niveau réglementaire dans les eaux distribuées.

Une part de ces désordres est imputable aux pollutions d'origine agricole. Ces pollutions sont essentiellement dues aux excédents structurels d'azote, de phosphore et de microorganismes induits notamment par l'élevage intensif et, pour ce qui concerne les pesticides, par les traitements associés aux cultures de céréales et de maïs.

Eaux usées en ville

Deux origines au moins des eaux usées sont à considérer : l'eau météorite de ruissellement et les eaux usées de consommation.

Dans son rapport à l'Office parlementaire des choix scientifiques et techniques, Gérard Miquel note que : « La ville réunit toutes les conditions pour contaminer de façon massive l'eau météorite : l'eau ruisselle sur des surfaces qui sont pour la plupart imperméables (toitures, chaussées), très vulnérables à la corrosion (zinc des gouttières, crochet de plomb des toitures) et/ou très chargés de dépôts polluants liés au trafic automobile et à l'activité industrielle. Entre le quart et la moitié de la pollution que l'on trouve dans les eaux de ruissellement est lié au trafic automobile… Les seuils atteints après écoulement sur les différentes surfaces urbaines sont de cinq à quarante fois plus élevés que les seuils réglementaires (20 mg/l au lieu de 3 mg/l pour le zinc ; 2 mg/l au lieu de 0,05 mg/l pour le plomb). Ainsi il apparaît clairement que si l'eau de pluie n'est pas toujours potable en milieu rural, les eaux de ruissellements sont manifestement toxiques en milieu urbain. Cette toxicité est particulièrement aggravée par le ruissellement des eaux sur les chaussées. » [29]

La charge des eaux de ruissellement en matières en suspension est cinq à dix fois supérieure à celle des eaux rejetées par les stations d'épuration. La pollution y est essentiellement sous forme de particules auxquelles adhèrent les polluants.

En ce qui concerne les eaux usées de consommation, une pollution traditionnelle par l'activité humaine est liée aux matières en suspension et aux microorganismes générant turbidité et surtout grande consommation en oxygène pour oxyder la matière organique. Une autre contamination est celle des bactéries liées aux déjections fécales. Elles se développent à l'aval des rejets urbains. Le nombre de germes (coliformes) fécaux passe ainsi de mille à Paris à un million par millilitre à 60 kilomètres en aval. La présence de bactéries pathogènes est corrélée à cette contamination. Un cours d'eau peut ainsi devenir impropre à la baignade et aux activités nautiques, voire impropre à la production d'eau potable.

De longue date le savon est cause de pollution des eaux. Les rejets de phosphore présent dans les lessives pour favoriser le lavage sont à l'origine, avec les apports des engrais, de l'eutrophisation des eaux. C'est pour lutter contre ces effets que les phosphates ont progressivement été remplacés par d'autres composés, et sont désormais interdits en France depuis le 1er juillet 2007 dans les lessives domestiques pour le linge. Les tensioactifs nécessaires pour détacher la saleté de son support ne sont pas pour autant sans effet sur le milieu naturel.

La pollution par les micropolluants d'origine domestique est plus difficile à cerner : additifs, enzymes utilisés dans les lessives, produits cosmétiques, médicaments… Ils sont véhiculés dans l'eau, par lavage, par l'urine… Des études menées aux États-Unis ont montré que les cours d'eau étaient contaminés par des dizaines de molécules issues, par ordre d'importance décroissante, de métabolites, de détergents, de stéroïdes utilisés dans l'alimentation du bétail, de plastifiants ainsi que, dans une moindre mesure, de médicaments et d'hormones reproductives.

Une manière de caractériser une eau est de quantifier la demande biologique en oxygène (DBO) nécessaire aux bactéries pour décomposer en un temps donné les substances organiques présentes. Un cours d'eau modérément pollué a une DBO_5 de 6 mg/l. Cela signifie que les bactéries et microorganismes utiliseront 6 milligrammes d'oxygène dissous, en cinq jours, pour décomposer les substances biodégradables contenues dans un litre d'eau. Plus la DBO_5 est grande, plus l'eau est polluée. Des eaux communales traitées ont une DBO_5 qui est encore trois fois supérieure à celle d'une eau modérément polluée. Des eaux communales non traitées ont une DBO_5 cinquante fois supérieure, et les eaux de l'industrie alimentaire ou ruisselant d'une décharge jusqu'à mille fois plus [75].

Comme la solubilité de l'oxygène est réduite quand la température augmente, l'auto-épuration de l'eau via l'oxygène dissous est moins bien assurée en été.

Le traitement des eaux usées urbaines en extrait la charge polluante. Celle-ci se retrouve ensuite concentrée dans des boues, dont l'élimination est souvent controversée : 7 millions de tonnes de matières sèches sont produits annuellement en Europe.

En France, les eaux usées de plus des trois quarts des habitations sont traitées en station d'épuration. Mais 5 % ne disposent d'aucun assainissement autonome ou collectif. Cette insuffisance touche notamment les logements dispersés, là où le relief est accidenté, mais aussi une centaine de communes de plus de 10 000 habitants qui sont en infraction vis-à-vis de la réglementation européenne. La quantité de boues produites par habitant est en moyenne d'environ 50 grammes de matière sèche par jour, soit un total de 1,1 million de tonnes en 2006. En 2004, 17 300 stations ont traité 7 milliards de mètres cubes d'effluents, dont plus de la moitié a reçu un traitement poussé pour éliminer le phosphore et l'azote. Le devenir des boues sera évoqué dans un prochain chapitre.

Figure 6.4 Les stations d'épuration sont venues remplacer le cycle naturel des eaux courantes.

Les eaux pluviales doivent également être assainies, quand elles proviennent des routes et voiries. Elles sont fréquemment chargées en polluants : cadmium, zinc, cuivre, hydrocarbures (HAP) pétroliers et naturels, etc.

Eaux fluviales et marines

L'agriculture constitue une source de pollution principalement dans les régions traversées de nombreux fleuves côtiers et où l'élevage est intensif. En France, c'est le cas des régions du Nord-Pas-de-Calais, de la Haute-Normandie, de la Bretagne, des côtes de Charente-Maritime et des Landes. Cette pollution conduit par eutrophisation à la formation de zones mortes qui commencent au niveau des rivières et des fleuves et s'étendent ensuite en bord de mer. Plus d'une centaine de zones mortes dont certaines atteignent des dizaines de milliers de kilomètres carrés existent de par le monde.

Les rejets urbains ont une part de responsabilité directe dans la mauvaise qualité des eaux fluviales et marines. Les concentrations saisonnières induites par le tourisme dans les multiples zones d'habitat implantées en proximité de bord de mer intensifient le phénomène, car les équipements d'épuration supportent mal les fortes et rapides variations de charge, aggravées par les orages d'été. S'y ajoute l'impact des flottes de plaisance dont les rejets ne sont pas correctement traités [29].

Les rejets industriels peuvent contenir des métaux lourds (cuivre[76], cadmium, nickel, mercure, plomb, etc.) ou d'autres substances dangereuses (hydrocarbures, titane, PCB, etc.). Ils se retrouvent dans les fleuves et leurs sédiments jusqu'à l'embouchure. Ils sont particulièrement intenses dans le Pas-de-Calais, la Seine-Maritime et les Bouches-du-Rhône.

Les rejets liés aux activités portuaires sont encore mal évalués. Cela concerne les ports industriels, la navigation de plaisance en plein développement, les rejets de dragage et d'entretien, les hydrocarbures.

Les rejets accidentels d'hydrocarbures représentent moins d'un dix millième des quantités transportées par les pétroliers, tandis que les rejets volontaires illicites – les dégazages – pourraient représenter des quantités considérables tant en mer du Nord qu'en mer Méditerranée (voir le chapitre consacré aux transports maritimes).

Des améliorations sont constatées. Citons à titre d'exemple les teneurs en lindane des moules qui ont décru environ d'un facteur 10 en vingt ans. Le lindane est un insecticide utilisé dans le traitement anti-termite dont l'usage est désormais fortement réglementé.

Une contamination significative par des PCB a été récemment mise en évidence dans les poissons de rivières et fleuves de quatre bassins versants : Seine, Rhône, Somme et Rhin et a conduit le gouvernement a

76. Le cuivre est essentiel chez l'homme comme chez les végétaux et les animaux et intervient dans de nombreux processus biologiques.

en interdire la consommation. Les PCB, ou pyralène selon une de leurs dénominations commerciales, désignent une famille non naturelle de 209 composés aromatiques chlorés proches des dioxines. Ils ont été utilisés depuis les années trente pour leurs propriétés isolantes (transformateurs électriques) ou leur stabilité chimique et physique (huiles de coupe, encres, peinture), avant d'être interdits progressivement à la commercialisation dans les années quatre-vingt. De nombreux équipements anciens où les PCB sont confinés doivent encore être traités. Les PCB sont comme les dioxines très peu solubles et peu biodégradables et peuvent entraîner une pollution organique persistante. Ils se fixent sur les matières en suspension et les sédiments des cours d'eau. Ils contaminent ensuite par ingestion la chaîne alimentaire, des crustacées aux poissons dans lesquels ils s'accumulent au sein des tissus graisseux. L'homme risque alors de se contaminer par l'ingestion de produits pollués. Les PCB sont classées comme substance probablement cancérigène pour l'homme. Les restrictions d'emploi ont été motivées par la toxicité des mélanges : action sur le système nerveux, effets immunodépresseurs, activateurs et promoteurs de la cancérogénèse, etc. [90], [91].

Déchets

Sur l'ensemble de la planète, le total des matériaux (sols et roches) déplacés par les hommes est du même ordre de grandeur que celui de l'érosion naturelle : 40 milliards de tonnes déplacés annuellement par les hommes (soit 20 kg par jour et par personne), 60 milliards de tonnes par l'érosion (essentiellement fluviale et marine) et 30 milliards de tonnes par les volcans [92].

En matière de chimie, plus de 100 000 substances chimiques sont recensées dans l'Union européenne, dont 3 000 sont produites mondialement de manière quantitative (les produits énergétiques, pétrole, charbon et gaz et leurs descendants dominent de plus d'un facteur 10 toutes les autres quantités produites). Seules quelques centaines ont fait l'objet d'analyses approfondies quant à leurs propriétés toxiques, et une faible part a été soumise à une évaluation formelle et quantifiée des risques toxiques et écotoxiques[77]. Les substances de base les plus produites sont l'éthylène, le propylène et l'acide sulfurique. Les débouchés finaux sont pour plus de 40 % dans la consommation des ménages ; le secteur de

77. En 2002, sur la base de données épidémiologiques et expérimentales, le Centre international de recherche sur le cancer (CIRC) avait identifié 87 agents ou expositions cancérigènes. Sur une liste complémentaire, 63 produits chimiques ou mélanges étaient qualifiés de probablement cancérigènes [93].

l'agriculture et celui de l'industrie des plastiques et du caoutchouc en consomment environ 10 % chacun. Le règlement européen Reach entré en vigueur le 1er juin 2007 rend obligatoire d'ici à 2018 l'enregistrement, l'évaluation et l'autorisation des produits chimiques. L'évaluation des risques est à la charge des industriels. Ce sera une étape importante pour la protection de la santé humaine et de l'environnement.

Deux grandes approches sont appliquées pour gérer les déchets. L'une, plus commune aux activités urbaines et industrielles, favorise le confinement et le recyclage, sans s'interdire certaines dilutions (rejets à la cheminée ou effluents liquides autorisés). La nécessité de collecte des produits usés justifie alors qu'ils aient une certaine tenue aux agressions de l'environnement. L'autre voie, proche des activités rurales traditionnelles, repose davantage sur l'épandage et donc la dilution des résidus et déchets. Cette dernière pratique conduit à favoriser alors les produits biodégradables [94].

La production de déchets en France en 2004, ramenée à la population, est de 37 kg par habitant et par jour. On y trouve 14 kg de déchets d'élevage, 2 kg de déchets de culture, 1,2 kg de déchets des ménages (950 g d'ordures et 250 g d'encombrants et déchets verts), 600 g de déchets municipaux (voirie, marchés, déchets verts, boues de station d'épuration), 15 kg de déchets du bâtiment et des travaux publics (dont 150 g de déchets dangereux), 4 kg de déchets industriels et commerciaux (dont 250 grammes de déchets spéciaux réputés dangereux) moins de 10 g de déchets des activités de soins et moins de 5 grammes de déchets radioactifs [95].

Le recyclage est une réalité industrielle pour une part significative des déchets mentionnés puisque 58 % de matières premières secondaires entrent dans la fabrication des papiers et cartons, 43 % pour l'acier, 36 % pour le verre, 35 % pour les métaux non ferreux et 7 % pour les plastiques. En 2004, plus de 90 % des pneus usagés de véhicules légers et de poids lourds ont été collectés et éliminés. Le ramassage des huiles usagées se situe à un niveau proche de 85 %. Le tonnage d'accumulateurs au plomb récupérés a été supérieur à celui des nouveaux accumulateurs mis sur le marché.

En 15 ans, la dépense nationale pour la gestion des déchets a triplé.

Boues de traitement des eaux

Dans les 37 kilogrammes de déchets solides par habitant et par jour mentionnés ci-dessus figure la charge en matières sèches (50 grammes par habitant et par jour) des 200 litres d'eaux usées journellement.

Les matières contenues dans les eaux usées urbaines sont principalement des matières organiques. Ces quantités sont faibles comparativement aux déchets agricoles qui, en France, représentent 50 fois la production des stations d'épuration. Les surfaces théoriquement nécessaires pour gérer en épandage toutes ces matières sont estimées à la moitié de la superficie agricole utilisée, soit 10 à 15 millions d'hectares sur les 30 millions d'hectares cultivés en France.

Les métaux, notamment les métaux lourds, ont pour particularité de se fixer aux particules et de s'y concentrer. Si les boues de traitement des eaux urbaines sont utilisées comme amendement agricole, leur apport en métaux toxiques peut être marginal comparé aux autres sources de contamination. Selon une étude de l'INRA présentée en 1997, le cadmium[78] est majoritairement (89 %) apporté par les engrais phosphatés, le plomb par les retombées atmosphériques (97 %), le zinc par le lisier de porc (64 %), le cuivre par les produits phytosanitaires. Quant aux boues et composts urbains, ils apporteraient quelques pour-cent de la contamination pour ces éléments, à l'exception de 29 % du zinc, et leur contenu en phosphore pourrait être recyclé sous forme d'engrais. En dehors de l'épandage qui est la méthode d'élimination des boues la plus utilisée, les autres modes sont la mise en décharge, en voie d'interdiction d'ici quelques années au niveau européen, l'incinération, jugée trop coûteuse, le compostage et la production de biogaz.

La question du devenir des boues se pose aussi pour les sédiments. Au cours de la période 1999-2000, les masses métalliques associées aux sédiments dragués en région parisienne sont de 20 tonnes de zinc, 5 tonnes de plomb, 3 tonnes de cuivre, 0,1 tonne de cadmium. Les sédiments transportés par les fleuves et la mer qu'il faut draguer pour redonner du fond, dans les ports notamment, sont une source importante de matériaux ayant accumulé toutes sortes de déchets, métaux, etc.. Que faire des rejets industriels de l'Hudson, des sédiments du port de New York ou de Marseille, des dépôts dans les canaux du Nord de la France ? Le projet d'interdiction des rejets au large en mer promet de donner quelques soucis aux gestionnaires.

Ordures ménagères

Les ordures ménagères (hors encombrants et déchets verts) contiennent en moyenne 30 % de matières organiques putrescibles, 25 % de papiers-cartons, 13 % de verres et 11 % de plastiques. Les fines incombustibles

78. Le cadmium est nocif par inhalation et ingestion. Il s'accumule dans les reins. Le chlorure de cadmium peut induire un cancer.

(petits débris et gravats, poussières minérales de diamètre inférieur à 20 millimètres) représentent 7 % des déchets. Les déchets dangereux sont de l'ordre de 1 %. Après avoir doublé en quarante ans et atteint un maximum en 2002, la production annuelle d'ordures ménagères par habitant semble régresser légèrement (diminution de 1 % par an entre 2002 et 2004).

Filières de gestion

Parmi les déchets ménagers, plus de 50 % en masse font partie des déchets recyclables : papier, cartons, verres, plastiques, métaux, et 30 % sont fermentescibles.

Figure 6.6 Déchargement de vieux papiers mélangés à l'entrée d'une usine de traitement.

L'énergie des déchets peut être extraite par incinération ou par fermentation (ou méthanisation) des fractions organiques. La chaleur dégagée par l'incinération peut être récupérée sous forme de vapeur ou d'électricité, et les mâchefers peuvent être utilisés dans les travaux publics, si leur contenu en contaminants comme les métaux lourds est acceptable. La méthanisation produit du biogaz en même temps que du compost. Les papiers, cartons et plastiques sont à la fois combustibles et recyclables. Le contenu en énergie de tous les déchets ménagers et industriels d'un pays comme la France n'est pas suffisant pour générer mieux qu'un à deux pour cent environ de sa consommation énergétique totale[79]. En matière d'émission de monoxyde de carbone et de poussières, les incinérateurs actuels sont moins performants que les centrales au gaz, mais meilleurs que celles au fuel ou au charbon. Les rejets de dioxine en provenance des incinérateurs français ont été rendus conformes aux normes en vigueur.

L'incinération permet de détruire les polluants biologiques et de réduire les volumes dans un rapport de 100 à 10 ou de 100 à 1 selon l'usage fait des mâchefers (10 % du volume des ordures)[80]. Les résidus d'épuration des fumées (5 % en poids et 1 % en volume) sont mis en décharge[81]. La récupération d'énergie est usuelle (94 % des déchets incinérés en 2002), avec production de chaleur et d'électricité. Une moitié de cette énergie provient de la combustion de la biomasse contenue dans les déchets. Comparée à la mise en décharge, l'incinération est plus favorable en termes d'effet de serre car une décharge laisse les matières organiques se transformer en méthane plus nocif que le gaz carbonique.

Le traitement thermique des ordures ménagères est majoritairement retenu par des pays tels que la Suisse et le Danemark, qui traitent ainsi les trois quarts de leurs déchets ménagers, beaucoup moins par un pays comme l'Italie, où moins de 10 % des déchets ménagers sont incinérés. L'Allemagne est le premier pays européen pour les tonnages traités dans ses 60 stations d'incinération. La France est dans une position intermédiaire, avec 30 % des déchets incinérés, soit 8 millions de tonnes par an envoyés dans 130 incinérateurs répartis sur le territoire[82]. L'incinération est naturellement retenue pour les déchets de soins (hôpitaux) qui présentent des risques infectieux [96].

Autrefois et encore dans de nombreux pays, la voie ordinaire de gestion des déchets urbains passait par la collecte et la mise en décharges, si possible à l'écart des autres milieux eau, air et sol. En France, 35 % des ordures ménagères suivent cette voie. Certaines décharges anciennes non autorisées comportent un risque de contamination des eaux, notamment

79. Une tonne de déchets représente approximativement 200 litres de fioul.
80. Les mâchefers sont utilisés comme remblais routiers et moyen de comblement. Le tri et le recyclage du verre modifient la composition des ordures ménagères incinérés. Les mâchefers contiennent moins de silice et leur qualité mécanique a pu diminuer au cours de la dernière décennie. Leur contenu en métaux lourds susceptibles d'être lixiviés fait normalement l'objet d'une évaluation.
81. Une autre voie en développement consisterait à vitrifier les résidus d'épuration des fumées d'incinérateurs d'ordures ménagères – les Refiom – et à les utiliser en remblais. Elle n'est pas administrativement reconnue à ce jour.
82. 5 % des déchets en provenance des entreprises suivent la collecte et le traitement des ordures ménagères.

lorsqu'elles sont situées en bordure de rivières ou en zones inondables. Dans les nouveaux centres de stockage autorisé, les conditions d'entrée des déchets sont spécifiées, et les circulations d'eau sont soit évitées par des matériaux étanches, soit contrôlées avant rejet. Les déchèteries constituent une solution alternative efficace à la plupart des dépôts sauvages[83].

Figure 6.7 Décharge d'ordures ménagères.

Le traitement biologique par compostage ou méthanisation concerne 14 % des ordures ménagères. Le traitement biologique fournit soit du compost recyclable, soit du méthane valorisé en énergie. Le compostage nécessite un tri rigoureux des déchets et présente des risques infectieux significatifs pour le personnel. Il convient aussi de vérifier que cette technique ne conduit pas à recycler et concentrer certains polluants organiques persistants et des métaux lourds qui puissent atteindre la chaîne alimentaire (voir le chapitre sur les farines animales)[84].

83. Pour l'année 2004 en France, l'Ademe recense 312 installations de stockage autorisées, 134 incinérateurs, 3 454 déchetteries. En 1990, le nombre d'incinérateurs et de centres de stockage autorisés était deux fois plus important. En août 2007, il reste 45 décharges illégales en fonctionnement, situées notamment en Corse du sud (11), Guadeloupe (14) et Guyane (14). Ces données n'incluent pas les dépôts sauvages résultant d'apports clandestins.

84. Les dioxines sont un exemple de polluant organique présent naturellement dans les ordures ménagères. L'incinération conduit à la formation et à la destruction de dioxines, et les traitements postcombustion permettent désormais d'en fixer les quantités résiduelles au sein des résidus solides,

En moyenne, en 2008, le tri pour recyclages porte sur 20 % des ordures ménagères, essentiellement dans le domaine des emballages. L'ensemble des déchets recyclés représente 18 millions de tonnes de matériaux qui ont été intégrés dans la production des 43 millions de tonnes de matériaux (acier, papiers cartons, plastiques, verre, métaux non ferreux).

Figure 6.8 En France, plus de 60 % des verres usagés sont collectés et recyclés.

Le cas des matières plastiques est en pleine évolution. Pour les déchets autres que les bouteilles et les flacons, les études menées dans plusieurs pays européens qui évaluent l'impact sur l'environnement tendent à montrer que la valorisation énergétique est préférable au recyclage des matières. Fin 2002, en France, 16 % des matières plastiques étaient recyclées. Sur ces 16 %, la moitié provenait des rebuts de fabrication, le reste provenant des déchets après consommation (emballages et produits en fin de vie). La collecte sélective des emballages plastiques auprès des ménages représente environ 4 %, du total. Les déchets plastiques de l'informatique et de la téléphonie, en petites quantités hétérogènes, partent à l'incinération après broyage.

Le recyclage est consommateur d'énergie pour la collecte, le transport, le tri et le nettoyage. En général, sa rentabilité suppose de grandes quantités de produits ou des matières de grande valeur, des concentrations élevées, et l'absence de contamination trop difficile à retirer.

La comparaison des intérêts respectifs du recyclage et de l'incinération des déchets n'est pas toujours simple. Elle conduit à se poser simultanément la question de la préférence donnée à l'utilisation des ressources naturelles (fuel, bois, charbon) plutôt qu'aux déchets pour la production de matériaux d'une part, pour la production d'énergie d'autre part. Même le recyclage des vieux papiers peut ainsi se trouver en concurrence avec l'utilisation des bois d'élagage et d'entretien des forêts pour la production de pâte à papier ou la production d'énergie.

Organisation et économie

Au début de la décennie 1990, les plans départementaux français mettaient l'accent sur la valorisation énergétique des ordures (60 %), le recyclage matière (22 %) et ne laissaient qu'une faible part à la mise en décharge ou à l'incinération sans récupération d'énergie. Les objectifs du Grenelle de l'environnement pour la décennie 2010 sont d'orienter vers le recyclage 45 % des déchets ménagers et assimilés. Inversement, les quantités incinérées ou stockées devront diminuer de 15 % à l'horizon 2012. Cette évolution est conforme à la très nette réduction du nombre d'incinérateurs en France métropolitaine : ils sont passés de 300 en 1996 à 130 en 2003, avec fermeture des petits fours artisanaux et polluants, et récupération d'énergie.

Pour les industriels de la récupération, l'économie de l'activité de récupération est largement liée aux déchets provenant des entreprises, collectés, triés et en quantités importantes.

Crise en Campanie (Naples)

Une crise sans précédent sévit dans la région de Naples pour la gestion de ses déchets. Au départ, le gouvernement italien a souhaité privilégier et subventionner l'énergie dite verte tirée de l'incinération des déchets. Cette orientation a été efficacement mise en place en Italie du nord. Le plan préparé par la Campanie en Italie du sud fut en son temps jugé parfait par Bruxelles. Mais le nouveau ministre de l'environnement, protagoniste du zéro déchets, a bloqué depuis 2006 tout nouvel investissement dans l'incinération, et la loi de finances 2008 a supprimé la subvention à cette filière. L'absence de pouvoir politique local fort, un sens insuffisant de l'intérêt général et l'opposition des populations pour toute installation de proximité, ont conduit depuis au chaos et entretiennent une économie parallèle incontrôlée qualifiée de criminelle par la Cour des comptes italienne : la nouvelle ère de gestion devant succéder aux décharges saturées se fait toujours attendre. Les projets identifiés d'incinération sont bloqués. Des déchets s'entassent régulièrement dans les rues ou sont illégalement pris en charge sur des terrains inadaptés et induisent des risques pour la santé des populations environnantes. Fin 2009, le gouvernement italien met officiellement fin à 15 années d'état d'urgence. Les décharges de Chiaiano et de Cava Sari et l'incinérateur d'Acerra sont en fonctionnement au moins partiel. Fin 2010, l'Union Européenne fait savoir que la situation ne lui semble pas meilleure qu'en 2008.

Déchets dangereux

Les déchets dangereux comportent les déchets ménagers spéciaux ou déchets toxiques en quantités dispersés, et les déchets industriels spéciaux au contenu polluant ou aux propriétés explosives, ou inflammables.

Les métaux lourds sont un exemple classique. Mais il faut aussi savoir que de nombreux oligoéléments sont nécessaires à la vie, avec une concentration optimale : ni trop, ni trop peu. Le nickel est un polluant pour les plantes, mais il est indispensable à l'état de traces pour certains animaux. Le cobalt intervient dans la vitamine B12, le fer dans l'hémoglobine mais un excès peut être dangereux pour le cœur, le zinc dans le développement des organes sexuels mâles, le cuivre dans la génération des cellules sanguines…

La gestion des ordures ménagères achoppe en partie sur le problème des déchets toxiques tels que piles électriques, médicaments, flacons de détergent, produits phytosanitaires, solvants, encres, peintures et autres produits chimiques. À cause d'eux, le compost issu des matières fermentescibles est mal accepté par les agriculteurs et les consommateurs, le biogaz issu de décharges est refusé pour des raisons sanitaires, le mâchefer lui-même fait l'objet de soupçons comme matériau de terrassement (risque de présence de métaux lourds lessivables).

La collecte sélective et efficace des toxiques revêt ainsi un objectif d'importance primordiale pour rendre viable la mise en place des filières pour la collecte sélective des emballages et des déchets verts qui constituent une part significative du volume des ordures ménagères. Pour tous les autres déchets, c'est largement sur des critères économiques, et aussi parfois sur le jeu des subventions financières aux collectivités locales, que seront décidées les meilleures filières de traitement, recyclage, ou incinération en aval du ramassage.

Pour nombre d'éléments, les productions anthropogéniques dépassent de loin les émissions naturelles. C'est par exemple le cas du cuivre, du cadmium, du zinc, du plomb. La métallurgie et les opérations de combustion de minéraux (tels le charbon) sont une des voies privilégiées de dispersion atmosphérique de métaux. Remarquons que 20 cigarettes par jour peuvent également doubler l'apport journalier en cadmium.

L'abandon du plomb dans l'essence a permis de réduire considérablement la contamination atmosphérique et donc aussi celle des sols. La quantité de métaux lourds contenus dans les piles et accumulateurs électriques mis sur le marché français était réduite à une demi-tonne en 2000 contre 2 tonnes en 1996 et 18 tonnes en 1990.

La chimie et la métallurgie sont les deux premiers secteurs de production de déchets industriels spéciaux. Une moitié de ces déchets est traitée par les industriels qui les produisent, une autre l'est dans des centres spécialisés indépendants. Pour les éloigner de la biosphère, des décharges souterraines sont utilisées[85].

L'industrie cimentière contribue à résoudre certains problèmes de déchets en utilisant des combustibles de substitution. En France en 2001, ceux-ci couvrent le tiers de ses besoins énergétiques, contre 1 % en 1985. Ce sont pour moitié des déchets industriels banaux tels que pneus usagés, matières plastiques, boues d'épuration et farines animales, et pour moitié des déchets industriels spéciaux tels que solvants, huiles usées, sciures de bois, eaux polluées, peintures. Ainsi la flamme à 2 000 °C détruit instantanément et complètement les farines animales (voir chapitre correspondant). Il faut toutefois noter que les incinérateurs spécialisés ont des valeurs limites d'émission des substances polluantes plus faibles que les cimenteries.

L'incident survenu en août 2006 en Côte d'Ivoire illustre les risques que représentent la circulation et la gestion incontrôlées de déchets dangereux dans le cadre des échanges commerciaux internationaux. Cette année-là, plus de 500 tonnes de déchets chimiques ont été débarquées d'un cargo et déchargées illégalement par des camions sur plusieurs sites situés aux alentours d'Abidjan. Le mois suivant, les différents centres médicaux enregistraient près de 85 000 consultations, 69 hospitalisations et 8 décès en rapport avec cet incident et ses conséquences[86].

85. En France, le seul centre de stockage souterrain de déchets, StocaMine, a interrompu son activité en septembre 2003, faute d'un flux suffisant de déchets, et suite à un incendie qui avait couvé dans des déchets stockés en 2002. Ce site était ouvert depuis 1999 dans une formation saline proche d'anciennes galeries des Mines de potasse d'Alsace. Environ 40 000 tonnes de déchets y sont stockés. Mi 2011, la solution d'une fermeture après confinement des déchets derrière des barrages serait la voie privilégiée en cours d'étude pour la sécurisation du site.

86. Ces déchets provoquaient une irritation des yeux, du nez et de la gorge, des difficultés respiratoires, des maux de tête, des nausées ou des vomissements et un sentiment d'inquiétude croissant. Dans les cas les plus graves, une détresse respiratoire, une déshydratation, ainsi que des hémorragies nasales et intestinales apparaissaient.

Les déchets se révélèrent être constitués d'un mélange d'hydroxyde de sodium, de phénols, de mercaptans, de sulfure d'hydrogène, d'hydrocarbures et autres substances chimiques utilisées pour nettoyer les citernes des pétroliers. Comme l'accès à certaines des zones contaminées qui se trouvaient être des sites de décharge fut interdit, l'organisation normale du ramassage des ordures fut de surcroît perturbée et des déchets domestiques s'accumulèrent dans différents quartiers de la ville. L'intervention tant des autorités nationales que d'organismes internationaux comme l'Organisation mondiale de la santé fut nécessaire, tandis que les pays voisins, craignant que la contamination ne se propage par les cours d'eau ou par la mer, sont restés en état d'alerte [86].

Sols pollués

Les sols sont le lieu de passage de nombreux flux de matière. À la différence de l'air et de l'eau, les sols ne sont pas des milieux homogènes. Les flux de matière y sont lents, si du moins ils ne sont pas favorisés par les eaux d'infiltration ou les nappes phréatiques mobiles. Le caractère ponctuel ou étendu d'une pollution dépendra donc d'abord des conditions d'épandage. Le plus souvent la contamination des sols vient de l'air par dépôt, du déversement de liquides, ou des eaux de ruissellement (inondation…).

Lorsqu'une pollution industrielle est localisée dans le temps et dans l'espace, elle peut être combattue et le sol remis en état. « Lorsque l'activité industrielle et minière a forgé l'histoire, la géographie et la culture d'une région entière, entraînant des bouleversements humains, économiques, affectant le paysage et la stabilité des sols, les séquelles sont alors durables et pour certaines irrémédiables. La région du Nord-Pas-de-Calais en France illustre parfaitement cette situation. L'extraction minière, la sidérurgie, la carbochimie sont des activités très polluantes et y ont généré des quantités énormes de déchets solides et/ou d'effluents. » [29]

Les sols pollués en France sont pour moitié contaminés par des hydrocarbures. Entre 10 et 20 % d'entre eux contiennent des métaux lourds (plomb, zinc, chrome…).

Les sites pollués (anciennes décharges, stade de France avant traitement, Métalleurop) peuvent devenir dangereux pour l'homme à travers les poussières ou les gaz formés, et à travers les eaux d'infiltration jusqu'à la nappe phréatique. Le traitement des sols pollués se fait soit par nettoyage, soit par destruction des polluants, ou encore par stabilisation *in situ*.

Impacts sur la santé

Les cancers apparaissent comme la préoccupation la plus grave en termes de santé publique, mais ce n'est pas le seul groupe de pathologies qui soient liées à des facteurs environnementaux. Sont aussi considérées comme très liées à l'environnement les pathologies affectant le système respiratoire (l'asthme a doublé en dix ans pour les moins de 18 ans au cours des dix dernières années), le système immunitaire (développement des maladies neuro-dégénératives comme la maladie d'Alzheimer ou la maladie de Parkinson), les troubles du système endocrinien, la reproduction (interrogation sur la diminution de la qualité du sperme au cours des vingt à cinquante dernières années et sur la croissance de l'infertilité qui affecte environ 15 % de la population), la santé de l'enfant (l'enfant apparaît plus sensible à l'apparition de facteurs de risques environnementaux en raison de caractéristiques tenant à sa physiologie et à son activité) [98].

La présence de particules en suspension dans l'air accroît le risque de mortalité due à des maladies respiratoires chez les bébés de moins de 12 mois, a un effet néfaste sur le taux de développement des fonctions pulmonaires, aggrave l'asthme et provoque d'autres symptômes des voies respiratoires telles que la toux et la bronchite chez les enfants. Les particules les plus fines (PM2,5) ont un effet particulièrement nuisible sur la santé dans la mesure où elles sont à l'origine d'un développement de la mortalité due aux maladies cardiovasculaires et respiratoires et au cancer des poumons. Leurs concentrations accrues dans l'atmosphère augmentent les risques d'hospitalisation en urgence. Les particules plus grosses (PM10) ont un impact sur la morbidité respiratoire, comme l'indiquent les taux d'hospitalisation [99].

Le SO_2, les fumées noires, l'ozone déclenchent des symptômes d'asthme, après un délai de trois à quatre jours, chez les patients exposés à des accroissements de pollution de fond (en dehors des « pics »). Plus généralement, des synergies peuvent apparaître dans les réactions pathologiques à un cocktail de contaminants.

En 2006, un lien statistique significatif a été mis en évidence dans quatre départements français entre le niveau d'exposition aux fumées de seize incinérateurs d'ordures ménagères en activité entre 1972 et 1990 et l'augmentation de la fréquence de certains cancers[87] au cours de la

87. Les excès de cancers mis en évidence concernent d'abord les femmes (tous cancers, cancers du sein, lymphomes malins non hodgkiniens...), et en moindre nombre les hommes (myélomes multiples...). Des cancers similaires sont mis en évidence dans la cohorte des personnes exposées à la dioxine lors de l'accident industriel de Seveso datant de 1976 et suivies depuis cette date.

décennie 1990-1999 [100]. Des résultats similaires avaient déjà été obtenus en France et dans plusieurs autres pays (Italie, Royaume-Uni, États-Unis…) pour les habitants dans un rayon de quelques kilomètres autour d'incinérateurs. Les rejets gazeux des incinérateurs sont un mélange complexe. Depuis 1995, ils ont été réduits d'un facteur proche de cent sur leur contenu en dioxine. Les normes de rejets applicables en France prennent en compte vingt composés dont 12 métaux lourds.

Parmi les facteurs environnementaux en cause dans l'infertilité croissante, sont suspectés les produits organiques persistants, et notamment les organochlorés. Ces produits sont présents dans tous les milieux (air, eau, sol) et entrent dans la composition de nombreux produits de grande consommation tels que pesticides (produits phytosanitaires) et divers produits à usage domestique (peinture, détergent…). Une première constatation préliminaire est l'effet néfaste du tabac : le délai nécessaire à l'obtention d'une grossesse est double parmi les couples fumeurs comparativement aux situations où la femme est non fumeuse.

Le prochain chapitre développe plus largement les effets sur la santé des pollutions.

Conclusion

Dans de nombreux cas, les techniques de combustion et d'utilisation des combustibles et carburants jouent un rôle dominant dans les pollutions. C'est dire que l'homme ne maîtrise le feu qu'encore bien imparfaitement. L'impact du CO_2 sur le climat, et non pas directement sur la santé, ajoute encore une dimension à cette difficile maîtrise de la combustion.

En France, comme dans d'autres pays, la pollution atmosphérique demeure une préoccupation de santé publique et ce malgré l'adoption de valeurs guides et de normes d'émission plus sévères, une meilleure surveillance de la qualité de l'air et une baisse parfois importante des niveaux de certains types de pollution.

Chapitre 7
Santé et pollution

Introduction

Dans le monde, l'absence d'installations sanitaires de base, de mauvaises conditions d'hygiène et la consommation d'eau non potable contribuent au décès de plus de 1,5 million d'enfants qui succombent chaque année à des maladies diarrhéiques. La pneumonie et le paludisme sont à l'origine d'un quart des décès des enfants de moins de cinq ans.

Plus d'un enfant sur dix vivant sur le territoire proche du site de la société Metaleurop à Noyelles-Godault au Nord de la France est atteint de saturnisme du fait des retombées de plomb issu du site industriel de cette société. Trois communes sont touchées [101].

Europe du Sud, 1981 : 203 personnes décèdent après avoir consommé de l'huile de cuisine toxique, contaminée par de l'huile de colza industrielle. Au total, 15 000 personnes ont souffert de la consommation de cette huile frelatée et aucun traitement n'a été trouvé qui permette de faire régresser les effets indésirables du syndrome dit de « l'huile toxique » [34].

En France chaque année, plus de 200 000 personnes sont atteintes de maladies d'origine alimentaire, plus de dix mille d'entre elles sont hospitalisées et 200 à 700 personnes en meurent, le plus souvent suite à une infection de nature bactérienne. Ces chiffres sont heureusement en baisse.

Europe, 2003 : la vague de chaleur caniculaire qui frappe l'Europe cause le décès de 35 000 personnes. Cet excès de mortalité qui frappe majoritairement des personnes de plus de 65 ans est compensé par une sous-mortalité en 2004 [102].

France, 2006 : la légionellose touche 1 400 personnes et 140 en décèdent. Dans un cas sur trois, une contamination de l'environnement a été identifiée [103].

Europe, 2011 : 3 507 personnes, majoritairement en Allemagne, sont contaminées par la bactérie *Escherichia Coli* entérohémorragique (O104:H4). Parmi elles, 837 ont développé le syndrome hémolytique et urémique qui donne des troubles rénaux graves. 38 personnes sont mortes en Allemagne et 1 en Suède. Après avoir pensé à tort que cette contamination venait de tomates, salades et concombres espagnols, causant ainsi une crise économique grave dans ce secteur, les chercheurs ont trouvé qu'elle provenait de graines germées provenant d'une exploitation d'Allemagne du nord. Les graines contaminées venaient d'Égypte.

En France, 1 % à 3 % des fœtus, soit probablement plus de 10 000 par an, sont gravement affectés : anomalies faciales, anomalies de croissance, dommages au système nerveux central pouvant induire des troubles de l'apprentissage, hyperactivité, troubles de l'attention ou de la mémoire, incapacité à contrôler ses colères, troubles nerveux… Telles sont les conséquences de l'alcool ingéré pendant les neuf mois de la gestation maternelle et subi par le fœtus[88].

De tout temps, l'homme a cherché à se protéger des effets indésirables de l'environnement au sens large. Encore lui faut-il établir le lien entre l'état de l'environnement et les maladies constatées, puis trouver les moyens de s'en protéger. Les études épidémiologie permettent d'établir des corrélations, la toxicologie de les conforter. Mais il arrive que l'existence d'un tel lien de causalité, ou une fausse perception, restent pour longtemps inconnus ou objets de débats.

Quel environnement ?

Au sens le plus large, l'environnement est l'ensemble des conditions externes influençant le développement des hommes, des animaux et des plantes. Chaque individu maîtrise certaines de ces conditions, telles que son alimentation ou son propre tabagisme, et en subit d'autres, telles que l'air respiré dans sa ville ou sur son lieu de travail. Le terme pollution

88. En 2007, la France a compté 800 000 naissances. Environ un million de Français souffriraient à des degrés divers du syndrome de l'alcoolisation fœtale.

peut couvrir certains phénomènes naturels nocifs pour la santé ; il est parfois réservé aux seuls polluants artificiels.

Les caractéristiques de l'environnement et des pollutions susceptibles d'agir sur la santé sont de nature physique comme les rayonnements ionisants utilisés à des fins médicales, les radiations ultraviolettes (UV), le radon. Elles peuvent être de nature chimique comme les pesticides et la dioxine, ou de nature infectieuse, parasitaire, virale ou bactérienne. Les causes environnementales sont subdivisées en trois grandes catégories : les produits chimiques et rayonnements agissant comme cause simple, les mélanges qui peuvent conduire à des réactions synergiques ou antagonistes, certaines expositions réelles correspondant à des situations complexes ou particulières. Le café grillé contient par exemple plus de mille substances chimiques différentes.

Les vecteurs entre l'environnement et l'homme sont l'eau, la chaîne alimentaire, l'air ambiant extérieur et intérieur, l'environnement physique et animal. Ces vecteurs mettent en jeu tout autant l'hygiène personnelle et domestique, que l'hygiène au travail et l'hygiène sociale.

Les deux facteurs de risque majeurs au niveau mondial sont l'insalubrité de l'eau et la pollution de l'air, notamment celle de l'air intérieur due à l'utilisation de combustibles solides pour la préparation des repas. Les inhalations de fumée des fourneaux utilisant le bois de feu ou la biomasse traditionnelle dans les pays en voie de développement causent chaque année plus de décès que la malaria [104].

Quelles maladies ?

Parasites, virus et bactéries

Au début des années 1950, l'Organisation mondiale de la santé (OMS)[89] ne se préoccupait que des six maladies quarantenaires : le choléra, la fièvre jaune, la fièvre récurrente, la peste, le typhus et la variole. Les pathologies nouvelles étaient rares. Ce relatif équilibre est aujourd'hui bousculé. Une nouvelle maladie fait son apparition chaque année dans le monde. Plus de deux milliards de passagers sont transportés chaque année par les compagnies aériennes, les possibilités de dissémination internationale rapide sont beaucoup plus importantes.

Vers la fin des années 1960, à la suite de l'usage généralisé des insecticides dans le cadre de programmes systématiques de lutte antivectorielle à grande échelle, la plupart des grandes maladies à transmission vectorielle ne constituaient plus un problème majeur de santé publique en

89. L'Organisation mondiale de la santé dépend des Nations Unies.

dehors de l'Afrique subsaharienne. Les programmes de lutte ont alors pris fin et les ressources se sont amenuisées. Au cours des vingt années suivantes, de nombreuses maladies importantes à transmission vectorielle, notamment la trypanosomiase africaine, la dengue et sa forme hémorragique ainsi que le paludisme, ont fait leur apparition dans de nouvelles régions ou sont réapparus dans des zones anciennement touchées. L'urbanisation et l'accroissement des échanges et des voyages internationaux ont contribué à accélérer la propagation de la dengue et de ses vecteurs. En 1998, on a assisté à une pandémie de dengue sans précédent, avec 1,2 million de cas notifiés à l'OMS par 56 pays. Depuis, des épidémies continuent à éclater, touchant des millions de personnes de l'Amérique latine à l'Asie du Sud-Est. Le nombre moyen de cas signalés chaque année à l'OMS pour l'ensemble du monde a presque doublé au cours de chacune des quatre dernières décennies [34].

Pour endiguer la récente épidémie de Chikungunya (« la maladie qui tord les articulations ») à La Réunion – qui a touché 204 000 personnes (près de 25 % de la population de l'île) et provoqué 125 décès (bilan au 10 mars 2006) – le recours à plusieurs insecticides est apparu comme la solution la plus efficace. Un larvicide, le Téméphos, a d'abord été utilisé. Mais ce produit devant être bientôt retiré du marché européen a été remplacé par un produit biologique, le BTI (Bacillus thuringiensis israelensis) qui entraîne parfois des irritations ou des intoxications. Le Deltaméthrine a été employé ensuite. Cette succession d'insecticides montre assez la difficulté d'utilisation de tels produits à laquelle on ne se résout qu'en mettant en regard de leur risque ou de leur danger les fléaux qu'elle pourrait contribuer à éviter [101].

Les premiers cas et décès humains en relation avec la grippe aviaire H5N1 ont été enregistrés dans la région de Hong Kong en 1997. En date du 6 juin 2007, le nombre total de cas humains notifiés à l'OMS était de 310, dont 189 décès, deux cas sur trois étant mortels. La menace de grippe pandémique ne saurait cependant être pleinement appréciée sans une compréhension préalable de ses liens avec la grippe saisonnière. Chaque année, la grippe humaine se propage rapidement à travers le monde sous la forme d'épidémies saisonnières, causant en général entre 3 et 5 millions de cas de maladie grave et entre 250 000 et 500 000 décès. La plupart des décès couramment imputés à la grippe dans les pays industrialisés concernent des personnes de plus de 65 ans. Les flambées épidémiques de grippe saisonnière apparaissent généralement à l'est et voyagent ensuite vers l'ouest. Les virus détectés en Asie sont donc analysés et utilisés pour déterminer les composants qui devront entrer dans la préparation des vaccins pour la saison de grippe suivante [34], [105].

Cancers et autres maladies

Au niveau mondial, l'environnement au sens général, incluant l'alimentation, le mode de vie et les agents infectieux, est impliqué dans la très grande majorité des cancers. Au sens plus restreint de pollutions subies, y compris celles en milieu professionnel, l'environnement est un facteur causal dans un tiers à un dixième des cancers. Dans les pays développés certains auteurs retiennent la cause environnementale au sens restreint pour seulement 2 % à 5 % des cancers[90]. À l'inverse, dans certaines zones particulièrement polluées, le chiffre de 40 % de décès directement ou indirectement liés à la pollution de l'environnement, et notamment la pollution atmosphérique, est avancé.

Les écarts entre les estimations disponibles résultent de l'étendue des facteurs pris en compte, des méthodes de calcul, du caractère multifactoriel de la plupart des maladies. De plus, les cancers observés aujourd'hui sont souvent le résultat d'une exposition ancienne mal connue avec précision. Inversement, les corrélations obtenues par les scientifiques se réfèrent aux expositions passées, alors que les cocktails de polluants actuels ne sont plus les mêmes [104], [105].

Dans un pays développé comme les États-Unis, un mauvais régime alimentaire serait à l'origine de plus du tiers des cancers (35 %), légèrement au-dessus du tabagisme (30 %). Les infections pourraient intervenir dans 10 % des cancers. Outre les comportements sexuels (7 %), les principales autres origines connues sont : les cancers professionnels (4 %), l'alcool (3 %), le radon (3 %) et les autres pollutions (2 %). Il faut noter toutefois que de nombreuses études font encore l'objet de controverses [106].

Certaines infections sont à l'origine de cancers. La bactérie Hélicobacter provoque un cancer de l'estomac, le papillomavirus humain provoque le cancer des cervicales, et l'hépatite virale peut engendrer un cancer du foie. Ces cancers d'origine infectieuse sont plus fréquents dans les pays en voie de développement.

90. L'alimentation, la nutrition, l'activité physique et le maintien du poids corporel sont des éléments cruciaux pour notre bonne santé et notre bien-être. Les conseils classiques pour réduire le nombre de cancers sont : arrêter de fumer, augmenter la consommation de fruits et légumes, mieux contrôler et éviter les infections, éviter les expositions à un soleil trop intense, faire davantage d'exercice physique, réduire la consommation d'alcool et sans doute aussi de viande rouge et de charcuterie. L'obésité et l'absence d'allaitement maternel sont également des facteurs défavorables. Ces conseils ne sont que très partiellement ou indirectement en lien avec les questions de pollution [97].

Certaines pollutions sont directement mises en cause dans l'apparition de cancers. Dès le XVIIIe siècle, la fréquence élevée des cancers du scrotum chez les ramoneurs a été associée à leur environnement professionnel. Au cours des dernières décennies, des liens forts ont été établis entre le tabac et le cancer broncho-pulmonaire, entre l'amiante et le mésothéliome, entre le rayonnement ultraviolet et les mélanomes, entre le trichloréthylène et le cancer du rein [93]. D'autres cancers sont imputés aux dioxines, aux rayonnements ionisants, au benzène, à la consommation d'alcool. Pour d'autres polluants, il n'est pas possible de conclure, ou plus simplement le polluant ne contribue pas à l'apparition d'un cancer.

La pollution est mise en cause dans la quasi-totalité des cancers du poumon. La fumée de cigarette est la première cause, et agit aussi en synergie multiplicative avec d'autres facteurs, tels les descendants radioactifs du radon. Plus généralement, toutes les fumées de combustions sont des sources avérées de risque, qu'elles soient issues du système de chauffage ou du fourneau de cuisine, qu'elles proviennent de la combustion du charbon, du bois ou de cigarettes, de déchets en incinérateur ou de combustibles dans les véhicules.

Les effets des pollutions ne se limitent pas aux cancers. Des affections cardiologiques et respiratoires sont induites tant par la pollution urbaine que par les poussières et les allergènes. Des affections neurologiques sont causées par le plomb et les pesticides, des maladies des reins par les métaux lourds (plomb, cadmium…). Un niveau de bruit même faible augmente la tension artérielle pendant le sommeil et pourrait avoir des conséquences cardiovasculaires.

Le chlore des piscines, douches et jacuzzis est connu pour provoquer des agressions et des inflammations constatées sur les bronches des enfants fréquentant les piscines et pour augmenter la fréquence de l'asthme. Et les maîtres nageurs, de par leur activité professionnelle, souffrent plus fréquemment de sinusite, de rhume chronique et de douleurs de la gorge que la population générale [101].

De nombreuses études cherchent à remonter des causes médicales aux causes premières et notamment environnementales lorsqu'il y a lieu. Ceci amène à constater que la moyenne de l'ensemble des fumeurs a une espérance de vie réduite de 6 à 10 ans et que plus de 10 % des décès en France sont associés au tabagisme. Surtout, diverses études conduisent à considérer que la pollution urbaine est à l'origine d'une année de vie perdue pour la population qui y vit, ou en d'autres termes, qu'entre 5 et 10 % des décès sont imputables à la pollution urbaine.

Les données sur la canicule font penser qu'en moyenne une année de vie a pu être perdue par les personnes touchées (personnes de plus de 65 ans essentiellement).

Maladies cardiovasculaires

L'impact sur la santé cardiaque de la pollution atmosphérique est de mieux en mieux connu : la pollution atmosphérique augmente la mortalité et la morbidité cardio-vasculaire. Ainsi une exposition à court ou à long terme entraîne un surcroît de crises cardiaques et d'hospitalisations en raison de troubles cardiovasculaires graves comme l'insuffisance cardiaque ou les accidents vasculaires cérébraux. L'impact se manifeste dans les 24 à 72 heures de l'exposition à une pollution particulaire accrue et a été observé dans de nombreuses villes françaises et étrangères.

Un autre indicateur a été obtenu en enregistrant le fonctionnement de pacemakers implantés (défibrillateurs). Il apparaît que leurs déclenchements sont corrélés avec les niveaux de pollution, indiquant une augmentation du risque de fibrillation et d'arythmie à la suite d'une exposition à la pollution atmosphérique chez les patients concernés.

Les études épidémiologiques montrent également que l'exposition chronique à la pollution atmosphérique augmente à long terme le risque de décès pour causes cardio-vasculaires. Le suivi quotidien de personnes en bonne santé a permis de constater l'effet de la pollution sur la paroi des vaisseaux sanguins : endommagement de l'endothélium, modification des capacités dilatatoires, formation favorisée de caillots sanguins.

Deux principaux ensembles de mécanismes biologiques sont mis en jeu dans la relation entre exposition aux polluants atmosphériques et risque cardio-vasculaire. Ce sont d'une part les mécanismes du stress oxydatif et de l'inflammation, et d'autre part la perturbation du contrôle nerveux autonome du cœur. Ces deux types de mécanismes ne sont bien sûr pas exclusifs.

Lors de leur inhalation, les polluants atmosphériques et notamment les particules entraînent des réactions inflammatoires au niveau des poumons avec production excessive de radicaux libres, des réactions d'oxydation et un stress oxydatif. L'inflammation s'étend ensuite, altérant le système vasculaire, augmentant la viscosité du sang et induisant des risques de coagulation. Ces modifications sont de plus susceptibles de déstabiliser des plaques d'athérome et de thrombose[91], le tout pouvant conduire à des maladies cardio-vasculaires telles qu'une diminution

91. La thrombose est la formation d'un caillot sanguin obstruant un vaisseau sanguin. L'athérome correspond à une accumulation de dépôts divers sur les parois des artères.

d'apport sanguin à un organe (ischémie), une obstruction des artères, un infarctus du myocarde.

Simultanément le système nerveux autonome réagirait à l'interaction des polluants inhalés sur les récepteurs situés au niveau des poumons. Il serait aussi affecté par le développement de la réaction inflammatoire systémique mentionnée précédemment. Cette perturbation du système nerveux autonome entraînerait des troubles du rythme cardiaque, avec notamment une diminution de sa variabilité. Une telle diminution de variabilité est connue pour être symptomatique d'un risque accru de troubles ou maladies cardio-vasculaires telles que l'arythmie ou l'arrêt cardiaque [107].

Parmi les particules atmosphériques, mélange complexe de substances organiques et minérales en suspension dans l'air sous forme liquide ou solide, celles de diamètres inférieures à 2,5 micromètres (PM2.5) sont plus particulièrement dangereuses car capables de passer dans les poumons et le sang. En ville, elles proviennent en particulier des gaz d'échappement des véhicules diesels et des installations de chauffage par combustion. Elles contribuent à la formation des plaques d'athérome dans les artères en inactivant les propriétés protectrices du cholestérol HDL (High Density Lipoprotein), appelé communément le « bon » cholestérol.

Au Canada, par exemple, 6 000 décès additionnels seraient causés chaque année par l'exposition à court terme à la pollution atmosphérique et les recherches suggèrent que deux tiers de ces cas se présentent sous forme de maladies du cœur, telle l'insuffisance cardiaque, ou d'accidents vasculaires cérébraux.

Modalités d'action de la pollution

Les effets sur la santé peuvent être causés parfois aussi bien par une dose faible que par une dose élevée, par une exposition unique que par une exposition répétée. Ils peuvent être immédiats ou différés, réversibles ou irréversibles. Certains polluants ont des effets synergiques, d'autres antagonistes [108].

Certains comportements peuvent améliorer la capacité à résister aux agressions. Des chercheurs japonais avancent par exemple que le risque de développer un cancer de la prostate est réduit de 50 % chez les hommes buvant au moins 5 tasses de thé vert par jour, grâce à la catéchine qu'il contient. Et les Français ne sont pas en reste quand ils parlent des effets bénéfiques sur le système cardiovasculaire des tanins contenus dans le vin rouge, en dépit du fléau sanitaire que l'alcoolisme représente.

Certains effets sont de nature déterministe. C'est le cas lorsque leur gravité augmente avec la dose d'exposition, comme une crise d'asthme s'aggrave avec la quantité d'allergènes présents. Il peut exister un seuil d'exposition en deçà duquel aucun effet indésirable n'est observable et inversement des doses fortes induisent des effets graves ou mortels (intoxication au monoxyde de carbone par exemple).

Il se peut aussi que le nombre de personnes développant une maladie dans une population exposée augmente avec la dose d'exposition, et que la gravité de l'effet soit sensiblement la même pour chaque personne malade. L'exposition à des produits cancérigènes est de ce type. Ces effets peuvent survenir à des doses d'exposition faible, sans seuil, mais de telles expositions ne rendent alors que très peu de personnes malades au sein de la population. Cette rareté de l'effet rend la démonstration d'un lien causal difficile à prouver, et il n'est d'ailleurs pas toujours sûr qu'il existe. Pour tous les polluants ayant de tels effets, les niveaux d'exposition sont à mettre en relation avec la taille de la population exposée pour déterminer leur impact sanitaire.

Les doses de polluant qui peuvent être reçues quotidiennement sans risque important pour la santé sont inférieures aux doses ponctuelles acceptables lors de rares pics de pollution pendant des temps courts. Dans le premier cas il s'agit de se protéger des effets chroniques, dans le second des effets aigus. Ces deux types d'effets peuvent avoir des conséquences à long terme.

Le lien entre l'exposition à une pollution et une maladie peut s'étirer sur de nombreuses décennies. Ainsi les cancers d'aujourd'hui sont le résultat d'expositions d'hier. Le temps de latence de la majorité des pathologies cancéreuses est souvent d'au moins dix ans entre l'exposition et l'apparition de la maladie, parfois de plus de trente ans.

Lorsque l'issue est fatale, l'âge auquel le décès intervient est une caractéristique importante. Les cancers mortels sont en moyenne à l'origine de 15 années de vie perdue par personne touchée, les cancers des voies aérodigestives supérieures, de la trachée, des bronches et des poumons, et celui du sein étant au-dessus de cette moyenne. Pris dans leur ensemble, les accidents de transport (40 ans perdus), les suicides (30 ans perdus) et les maladies du foie (maladie chroniques et cirrhose, 20 ans perdus) ont également des impacts très lourds. Le nombre moyen d'années de vie perdues à la suite de maladies cardiaques est de l'ordre de la dizaine : cette cause de décès concerne des personnes plus avancées en âge comparativement aux cancers qui frappent durement la population dès le milieu de la vie.

L'addition de toutes les années de vie perdues sur l'ensemble de la population de la France donne une idée du poids national d'une pathologie ou d'un risque. Avec ce critère, les grandes problématiques médicales et sociétales sont ainsi les tumeurs, notamment celles de la trachée, des bronches et des poumons, les cardiopathies et les maladies cérébrovasculaires, le suicide, les accidents de transport.

Les expositions chroniques

La cartographie des risques induits par un environnement donné sur la vie entière, ou sur une fraction significative de celle-ci, est encore très incertaine pour la majorité des contaminants. De plus, la présence de multiples contaminants peut être à l'origine d'interactions synergiques ou antagonistes [93]. Une évaluation rapide est menée prioritairement lorsque des clusters de cancers apparaissent en un lieu donné.

L'environnement au sens général a sa part dans les maladies chroniques qui sont des affections de longue durée à évolution généralement lente telles que les cardiopathies, les accidents vasculaires cérébraux, les cancers, les affections respiratoires chroniques, le diabète, etc. Responsables de 60 % des décès, les maladies chroniques sont la toute première cause de mortalité dans le monde [109]. Les principaux facteurs de risque de maladies chroniques sont une alimentation malsaine, le manque d'exercice physique et le tabagisme. En éliminant ces facteurs de risques, on éviterait au moins 80 % des cardiopathies, des accidents vasculaires cérébraux et des diabètes de type 2 ainsi que 40 % des cancers [109].

Une pollution chronique, répétée pendant de nombreuses années, à faible niveau peut induire davantage de risques qu'une exposition ponctuelle à fort niveau : dans le cas du tabac, fumer dix cigarettes par jour pendant 30 ans induit un risque 16 fois supérieur à celui de 30 cigarettes par jour pendant dix années[92], alors que le nombre de cigarettes fumées aura été identique. Même pour un grand fumeur, s'arrêter de fumer est donc une action efficace pour limiter les risques, mais cela ne supprime pas de possibles effets retardés.

La sensibilité individuelle

Il existe de fortes inégalités entre les individus face aux conséquences de la pollution atmosphérique sur leur santé. Les cancers familiaux et les

92. Selon Doll et Peto (1978), la probabilité d'induction d'un cancer du poumon est proportionnelle à $D^2.t^{4,5}$. Une exposition de longue durée, chronique, (t grand) induit un risque élevé. L'effet de la durée t l'emporte sur celui du nombre D de cigarettes fumées quotidiennement.

pathologies prédisposant fortement au cancer représentent environ 5 à 10 % de l'ensemble des cancers. Embryons, fœtus, nourrissons, jeunes enfants, femmes enceintes, personnes âgées, asthmatiques, bronchitiques chroniques, cardiaques, immunodéprimés, et même les sportifs n'ont pas tous la même relation à l'environnement que l'homme en bonne santé et dans la force de l'âge.

Des études ont mis en évidence que les asthmatiques (environ 12 % de la population fragile française, soit 3,5 millions de personnes) sont dix fois plus sensibles que les sujets normaux. Les enfants ayant vécu 8 ans de suite en ambiance polluée ont trois fois plus d'eczéma et 1,5 fois plus de crise d'asthme lors des pics de pollution que les enfants n'ayant pas connu de telles conditions de long terme. L'asthme a été à l'origine de 1 500 décès en 2002 en France.

Les rhinitiques ont une réponse bronchique à la pollution qui est renforcée par l'inhalation préalable d'ozone, ce qui n'apparaît pas chez les sujets normaux. Les personnes atteintes de maladie cardiovasculaire chronique (environ 15 % de la population fragile française) sont particulièrement sensibles aux fluctuations des niveaux de pollution particulaire, avec des risques sanitaires accrus et graves lors des pics [101]. Les effets sont mis en évidence même à faible dose, aux niveaux de qualité d'air recommandés par l'OMS. Il n'y a pas de seuil à la pollution de l'atmosphère en deçà duquel toute la population serait protégée.

L'exemple de la ville d'Atlanta est instructif. En temps normal, cette ville est soumise à une pollution modérée en ozone et particules. Lors des Jeux olympiques d'été qui s'y sont déroulés en 1996, les plans de circulation ont été modifiés. Une restriction stricte de l'accès des voitures individuelles au centre-ville a été suivie par une réduction de la pollution atmosphérique et une diminution de 10 % à 40 % des consultations pour urgence respiratoire parmi les enfants, en particulier pour les phénomènes asthmatiques. Malheureusement l'étude ne précise pas si les sportifs ont pu aussi améliorer leurs performances [110]. La même chose a été faite à Pékin pour les jeux olympiques de l'été 2008. Parmi les mesures figurent le démantèlement d'usines sales, la fermeture des sites de construction poussiéreux, l'interdiction de circulation des camions non couverts et des bus et taxis les plus polluants, la fermeture de stations d'essence non équipées pour récupérer les vapeurs, des standards de carburants plus propres (notamment une teneur en soufre réduite d'un facteur 3), ou encore l'interdiction de la vente de kebab en plein air.

Les seniors sont particulièrement sensibles à la pollution atmosphérique et ceci, quel que soit le sexe. Cette sensibilité n'est pas limitée à la sphère respiratoire comme on le pensait jusqu'ici, mais elle est aussi, sinon majoritairement, cardio-vasculaire. Tout laisse à penser que la vulnérabilité de la personne âgée augmente progressivement avec son vieillissement. Si les causes de cette fragilité à la pollution restent encore mal connues, certains mécanismes commencent à être envisagés comme la baisse du pouvoir antioxydant dans l'organisme, ce qui pourrait ouvrir la voie dans l'avenir à une meilleure prévention et à la mise en place de mesures de prévention plus efficaces chez les seniors[93] [111].

D'après une étude de la banque mondiale sur les zones urbaines à faibles revenus, il ressort que l'approvisionnement en électricité est un facteur majeur de réduction de la mortalité infantile. Outre l'effet largement positif sur le bien-être général que permet l'énergie électrique, elle limite ou évite les émissions délétères sur la santé des combustibles domestiques.

Toutes les personnes sont à prendre en compte dans la définition des critères d'un environnement respectueux de la santé et minimisant les impacts sanitaires. Inversement, il est parfois considéré comme acceptable que les expositions professionnelles (hors femmes enceintes ou allaitantes), à des âges compris entre 20 et 65 ans, puissent être légèrement supérieures aux expositions du public en général. Ce thème est abordé dans un prochain paragraphe.

Les cancers en France

Statistiques

Le nombre de pathologies cancéreuses en France a presque doublé entre 1980 et 2005, passant de 170 000 nouveaux cas diagnostiqués en 1980 à 320 000 nouveaux cas diagnostiqués en 2005. Moitié de cette augmentation est corrélée à la croissance de la population et à son vieillissement. L'autre moitié est due à d'autres causes, notamment un meilleur dépistage et de probables causes environnementales au sens large. Les cancers de la prostate (62 000 nouveaux cas en 2005) et du sein (50 000 nouveaux cas) sont les plus nombreux et ont présenté une croissance rapide depuis 25 ans[94]. Les deux autres cancers les plus fré-

93. Voir l'article de Kelly F.J. dans la référence citée.

94. Le Bulletin du cancer constate toutefois une baisse d'incidence pour les cancers du sein entre 2005 et 2006. Les chercheurs estiment que la diminution massive et simultanée des traitements hormonaux de la ménopause est la seule modification majeure de l'environnement pouvant expliquer cette baisse récente qui reste à confirmer dans la durée.

quents tant chez les hommes que chez les femmes sont les cancers du colon-rectum (37 500 nouveaux cas) et du poumon (31 000 nouveaux cas) [93], [112].

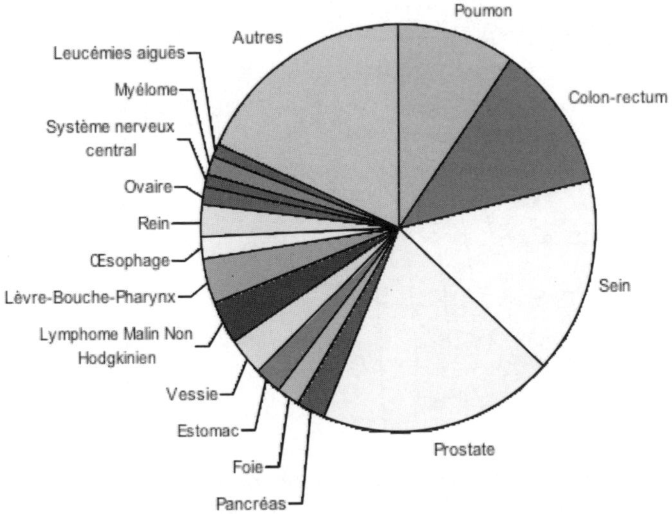

Figure 7.1 Répartition en France des 320 000 nouveaux cancers diagnostiqués en 2005 [112]

Inversement, la mortalité par cancer à un âge donné diminue, de l'ordre de –1 % par an depuis vint cinq ans. Mais compte tenu de l'évolution de la population (taille et vieillissement) et de la diminution des causes cardiovasculaires de décès, le nombre des décès par cancer a augmenté de 1 % par an de 1980 à 1995 puis s'est stabilisé autour de 150 000 décès par an. Dans l'ensemble des 500 000 décès recensés en France, les décès par cancer[95] sont actuellement aussi nombreux que les décès par maladie cardiovasculaire. La maladie d'Alzheimer, en forte croissance, est à l'origine de près de 12 000 décès. Le diabète, par ses conséquences multiples, peut être mis en cause dans près de 30 000 décès [113].

95. Les principales localisations de cancers à l'origine de décès sont le poumon (27 000 cas en 2005), le colon-rectum (17 000 cas), le sein (11 000 cas) et la prostate (9 000 cas).

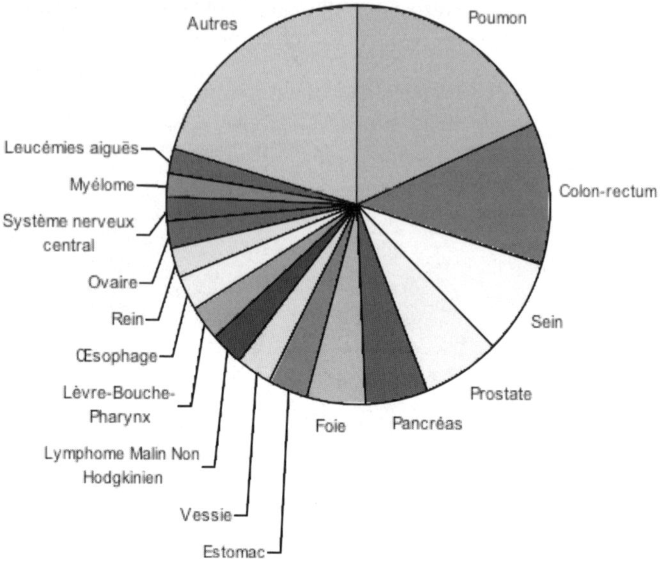

Figure 7.2 Répartition en France des 150 000 décès par cancer en 2005 [112]

Épidémiologie

Les spécialistes estiment que les facteurs alimentaires et nutritionnels interviennent pour 30 à 40 % dans le développement de cancers chez les hommes et pour 60 % chez les femmes. Ces facteurs étant mis de côté, il reste à identifier la part de la pollution dans l'autre moitié des cancers. Le tabac arrive largement en tête, avec un cinquième des cancers mortels, mais seul le tabagisme passif est *stricto sensu* un problème d'environnement pollué. Le reste se partage entre les causes génétiques et les environnements professionnels, public et privé.

La part des cancers attribués à ces environnements pourrait être de l'ordre d'un cancer sur dix, ou encore de la dizaine de millier de décès par an en France. La pollution atmosphérique extérieure pourrait être à l'origine de quelques milliers de cancers du poumon (jusqu'à 10 % des cancers du poumon ?), sans que l'on sache vraiment si l'indicateur de pollution retenu, en général la concentration en particules fines, est la véritable cause de la corrélation calculée[96]. L'exposition aux produits de désintégration du radon dans les maisons et les lieux de travail pourrait être à l'origine d'un à trois mille décés par cancer du poumon (soit 5 % à 12 % des décès par cancer du poumon) et à des leucémies. Le tabagisme passif, dont la source principale est le lieu de travail pour les hommes et le conjoint pour les femmes, serait annuellement à l'origine de moins d'un millier de cancers du poumon (2 % des cancers du poumon ?) principalement chez les conjoints de fumeurs.

L'environnement est probablement en cause dans un certain nombre de cancers de l'enfant, indépendamment du doute qui subsiste sur l'évolution de leur nombre. Le rôle d'agents infectieux a été démontré dans les lymphomes de Burkitt et les maladies de Hodgkin (EBV). Il est fortement évoqué dans les leucémies aiguës et, à moindre degré, dans les tumeurs cérébrales. Des arguments s'accumulent pour suggérer le rôle des faibles doses de rayonnement, notamment d'origine naturelle, des champs magnétiques à extrêmement basse fréquence, des pesticides, et de la pollution atmosphérique générée par le trafic automobile [93].

Des coproduits de la chloration de l'eau potable avec des produits organiques pourraient être à l'origine d'une fraction des cancers de la vessie. Des études internationales ont établi un lien entre les pesticides et certains cancers tels que cancers cérébraux ou cancers du sang (leucémie, lymphome). Par contre, les premières études sur Seveso montrent qu'une exposition très forte à la dioxine ne génère qu'un nombre limité de cancers. Une borne supérieure à l'effet des champs électromagnétiques serait de quelques cas annuels de leucémies.

Ces chiffres sont pour la plupart établis à partir de taux d'incidence extrapolés, et non pas d'études épidémiologiques françaises[97]. Ils doivent être pris avec grande précaution car de petites erreurs sur les taux peuvent induire des variations de plusieurs centaines de cas en plus ou moins pour les cancers les plus courants. Par comparaison, les méfaits du tabac et de l'alcool sont de véritables fléaux [68], [114], [115].

96. Dans certaines études environnementales et sur animaux, les cancers du poumon sont davantage reliés aux sulfates pris comme indice de la pollution de l'air plutôt qu'aux poussières fines [106]. L'augmentation des bronchites chez les très jeunes enfants a été associée à la pollution de l'air par des hydrocarbures aromatiques polycycliques.

97. Les risques attribuables obtenus par une étude épidémiologique peuvent être sous-estimés à cause du manque de sensibilité intrinsèque de la discipline

Les cancers professionnels

Entre 11 000 et 23 000 des 280 000 cancers incidents annuels seraient d'origine professionnelle en France. Cette origine touche trois fois plus les hommes que les femmes. Si tous les types de cancers peuvent être concernés, l'origine professionnelle est davantage mise en cause dans les cancers des voies aériennes et du poumon, en lien avec une pollution de l'air ambiant de travail. Ces cancers surviennent le plus souvent après le départ à la retraite.

La cause est parfois identifiée. C'est le cas des mésothéliomes de la plèvre et de cancers du poumon attribuables à une exposition à l'amiante. Environ 2 000 décès ont été attribués à l'amiante en 1996 en France, mais seule une fraction est explicitement attribuée à une cause professionnelle. L'amiante, une fibre minérale d'origine naturelle couramment utilisée dans l'industrie et les produits de consommation pendant plus d'un siècle, est un cancérogène avéré, qui induit des mésothéliomes, des cancers du poumon et très vraisemblablement des cancers du larynx. Diverses pathologies non tumorales (asbestose, plaques pleurales) lui sont également imputables. L'immense majorité de ces pathologies est consécutive à des expositions professionnelles et seuls quelques cas d'exposition passive ont été diagnostiqués [116]. La première réglementation en milieu de travail date de 1977, et l'interdiction d'importation et d'usage a été promulguée en 1997. Compte tenu de la durée de latence prolongée de cette maladie après l'exposition, de 20 à 45 années, l'incidence du mésothéliome pleural n'est pas stabilisée. L'âge moyen lors du diagnostic de la maladie est proche de 70 ans. Le mésothéliome touche annuellement 700 personnes en France[98]. 35 000 décès peuvent être imputés à l'amiante entre 1965 et 1995, deux fois plus sont attendues dans les 20 à 25 ans à venir, auquel il convient d'ajouter environ 10 % des 25 000 cancers du poumon déclarés chaque année. Compte tenu de l'issue fatale de ces pathologies malignes, les scientifiques jugent l'épidémie à venir inéluctable et irréversible avec une ampleur déterminée jusqu'en 2030 [117].

Plus souvent le lien est difficile à établir avec certitude, même si de nombreuses substances sont connues pour être cancérigènes comme le cadmium, le béryllium, les huiles minérales non raffinées, les produits de l'industrie du caoutchouc et du cuir, etc. Les sites plus particulièrement susceptibles d'être touchés par ces substances sont parfois identifiés : exposition au benzène (leucémie), acide chromique (cancer du poumon), amines aromatiques (cancer de la vessie), goudrons et suies (cancer du

98. Le nombre de décès par cancer de la plèvre a doublé depuis 25 ans en France et continue d'augmenter. En 2005 il a été de 1 090 décès.

poumon et de la vessie, épithéliome), poussières de bois (cancer des sinus), chlorure de vinyle (cancer du foie)…

À partir des données de la littérature internationale, les nouveaux cancers de la vessie attribuables à des expositions professionnelles se situeraient entre 600 et 1 100 pour les hommes en 1995 en France. Toutefois le régime de la sécurité sociale n'en a reconnu que 4 en 1999 et 9 en 2000. Le nombre de cancers du nez et de la face qui auraient pu être attribué à l'exposition au bois dans les scieries chez les hommes en 1997 est estimé supérieur à 100. Malgré un rapprochement relativement aisé entre l'exposition professionnelle et la maladie, la prise en charge n'est reconnue que pour une fraction d'entre eux. C'est dire l'ampleur des incertitudes et des difficultés de l'épidémiologie en ces domaines.

La fumée du tabac

Quelques kilogrammes annuels de feuilles soigneusement sélectionnées, préparées, séchées, prêtes à la combustion, telle est la consommation annuelle de chaque fumeur et simultanément une des grandes causes de mortalité dans le monde[99].

La pratique tabagique moderne a été rapportée du nouveau monde par les compagnons de Christophe Colomb et s'est très rapidement répandue. Le tabac constitue aujourd'hui la première cause connue de cancer. En France, un cinquième des décès par cancer, soit 30 000 morts par an, lui est imputé, et au total 60 000 décès lui sont imputables en incluant les autres maladies notamment cardiovasculaires, soit 12 % des décès. Plus du quart de la population française de plus de quinze ans et presque la moitié des hommes et des femmes de dix-huit ans déclarent fumer quotidiennement.

Cette fumée contient plus de 4 000 substances parmi lesquelles le monoxyde d'azote, le benzène, le monoxyde de carbone, l'ammoniac, l'acide cyanhydrique, des métaux lourds, etc. La fumée qui s'échappe par l'extrémité libre de la cigarette contient davantage de toxiques (monoxyde de carbone, oxydes d'azote…) et de cancérigènes (goudrons, benzène…) que celle respirée directement par le fumeur qui souvent passe d'abord sur un filtre [99]. L'interdiction française de fumer dans les lieux publics (bars restaurants, discothèques…) à partir du 1er janvier 2008 a entraîné ipso facto une baisse de 10 à 15 % des consultations cardiovas-

99. Par comparaison, la consommation annuelle de bois de chauffe en France, ramenée par habitant est de l'ordre d'une tonne par an (Ademe, Programme national bois énergie 2000-2006, rapport d'activités 2000-2005).

culaires. Le même phénomène a été observé dans plusieurs pays, avec des diminutions du nombre d'infarctus du myocarde comprises entre 8 % et 40 %. Pour la France, la transposition des résultats obtenus depuis 2005 en Italie, dont la législation est très proche de la nôtre, permet d'envisager une réduction de 5 000 à 7 000 infarctus par an [118].

Le risque non négligeable pour l'entourage a motivé l'interdiction du tabac dans les lieux publics fermés. En milieu domestique, le tabac est réputé accroître le risque de mort subite du nourrisson exposé. La présence d'un produit de dégradation de la nicotine dans les urines des bébés a permis de montrer que ceux qui dorment dans la chambre de leurs parents fumeurs sont les plus exposés : les vêtements et tissus imprégnés à la fumée de cigarettes sont eux-mêmes sources de pollution. En 1999, l'Académie de médecine estimait la mortalité induite par le tabagisme passif à environ 2 500 à 3 000 décès par an et les pathologies à plusieurs centaines de milliers d'infections par an. L'impact le plus déterminant du tabagisme passif est cardiovasculaire.

Les risques dus au tabac sont aggravés par l'alcool, par le radon présent dans certaines habitations ou dans certaines atmosphères minières comme les mines d'uranium. Inversement, seule une fraction des gros fumeurs développe un cancer du poumon, ce qui conduit à postuler l'existence de cofacteurs, notamment génétiques ou environnementaux qui retardent l'apparition de la maladie.

Le tabac est la deuxième plus grande cause de mortalité dans le monde, et la moitié des fumeurs consommant plus de quinze cigarettes par jour finissent par mourir de tabagisme, avec une perte de durée de vie allant de quelques années à plusieurs dizaines d'années. L'Organisation mondiale de la santé OMS prévoit que le nombre de décès, soit 5 millions par an, pourrait doubler d'ici 20 ans si le développement mondial de la pratique tabagique se poursuit. Elle constitue une des plus grandes épidémies mondiales des temps modernes. En Inde, ce n'est pas le cancer du poumon mais la tuberculose qui est la cause la plus commune de décès lié à la cigarette, car cette maladie, fréquente à l'état latent, ne peut plus être contenue par les poumons endommagés par la fumée de cigarette.

En France, près de quatre cinquième des cancers du poumon et des voies aéro-digestives supérieures sont imputables au tabac, ainsi qu'un tiers à la moitié des cancers de la vessie et du pancréas.

Même un fumeur a intérêt à fumer en un lieu bien aéré, et jamais dans un lieu fermé comme le montrent toutes les études sur les risques liés à une mauvaise qualité de l'air intérieur.

La pollution atmosphérique urbaine

Un décès sur dix ou vingt est attribué à la pollution atmosphérique en Europe, notamment à cause des particules en suspension et des polluants qui y sont fixés. Pour ces personnes décédées, c'est de l'ordre d'une dizaine d'années de vie en moyenne qui est perdue. Les particules ont pour conséquences d'augmenter la mortalité due aux maladies cardio-vasculaires et respiratoires, et aussi par cancer du poumon. Au total, près de 10 000 décès par an seraient attribuables aux particules fines en 2002 dans la population urbaine de plus de 30 ans en France, soit 5 % des décès de cette population [74], [101], [119].

Un surcroît d'hospitalisations en urgence est constaté lors des accroissements de pollution. Une augmentation de 10 à 20 $\mu g/m^3$ de particules fines PM2.5 peut ainsi augmenter significativement les risques de crise cardiaque au cours des 24 heures suivantes. L'exposition chronique aux particules entraîne aussi une réduction de la fonction pulmonaire, réduction connue pour être à l'origine d'une mortalité accrue et d'une diminution de l'espérance de vie [119].

En France, parmi les plus de 30 ans, près de 5 000 décès sont attribuables aux étiologies cardiorespiratoires. La classe d'âge la plus touchée est celle des sujets de 70 ans et plus. Toujours pour les plus de trente ans dans la population urbaine, un décès sur dix par cancer du poumon est attribuable à la pollution atmosphérique, soit plus de 1 000 décès par an. La classe d'âge la plus touchée est dans ce cas celle des sujets âgés de 60 à 69 ans [119].

Aux conséquences fatales susvisées, s'ajoutent les nouveaux cas de bronchites chroniques chez les adultes, de nombreux épisodes de bronchites chez les enfants, et d'encore plus nombreuses crises d'asthme chaque année. Cette pollution atmosphérique serait à l'origine de cinq à dix millions de personnes × jours en arrêt maladie. Si le risque individuel pour la santé lié à la pollution de l'air semble faible, les conséquences en terme de santé publique peuvent ainsi être importantes [73], [119].

Le trafic motorisé est mis en cause pour moitié dans les conséquences de la pollution atmosphérique urbaine. Les particules fines (PM2,5) constituent un indicateur d'exposition à la pollution de l'air urbain fréquemment choisi dans les études d'impact sanitaire. Au-delà des particules fines, ce sont les composés organiques volatils et les oxydes d'azote qui sont visés, ainsi que l'ozone résultant de leurs interactions. Les particules plus grosses ne sont généralement pas associées à des risques élevés de mortalité [119].

Tandis que les preuves d'une relation causale entre les variations à court terme des niveaux de pollution atmosphérique et l'incidence de diverses manifestations morbides ou la précipitation de décès se sont accumulées, cette relation reste controversée pour certains effets à long terme. À court terme, on sait que la pollution atmosphérique est un facteur aggravant des pathologies respiratoires chroniques comme l'asthme ou la bronchite chronique, et des maladies cardiaques comme l'infarctus, probablement par l'intermédiaire de phénomènes inflammatoires. À long terme, les cancers du poumon et les maladies cardiorespiratoires sont considérés comme les indicateurs sanitaires à considérer en priorité, en lien avec une exposition chronique aux particules fines. Par ailleurs, la caractérisation des groupes à risque reste un sujet de recherche.

Les études épidémiologiques sur de larges populations n'ont pas à ce jour identifié une concentration seuil en dessous de laquelle l'exposition aux particules n'aurait aucun effet. La pollution chronique de fond, en deçà des limites pour lesquelles des mesures de gestion sont prises actuellement, est vraisemblablement plus pénalisante que les épisodes de pointe [119].

Les villes étant les endroits les plus peuplés, les connaissances actuelles justifient pleinement de se préoccuper de la qualité de leur atmosphère. L'absence complète de pollution atmosphérique augmenterait d'un an environ la durée de vie moyenne des Français. La réduction des limites maximales de pollution prévues au niveau européen pour la prochaine décennie, si elles sont mises en application, permettrait de récupérer un quart à un tiers de cette année perdue. La valeur cible pour l'OMS serait de ne pas dépasser 10 $\mu g/m^3$ à terme, soit un peu moins que la moyenne constatée actuellement dans de nombreuses villes françaises (12 $\mu g/m^3$)[100]. Cela passe par un renforcement non seulement des performances des véhicules de transport, mais aussi de toutes les installations fixes de combustion, chaudières et chauffages, notamment tous les usages de combustibles solides et liquides. À moyen terme, le scénario de réduction de la pollution de l'air extérieur a un potentiel préventif similaire à celui visant la réduction du tabagisme passif.

100. À l'intérieur des logements, des concentrations moyennes de 20 $\mu g/m^3$ en particules fines (PM2.5) sont usuelles, avec de larges variations (entre 2 et 80 $\mu g/m^3$).

Figure 7.3 La qualité de l'atmosphère en ville est un enjeu de santé publique pour la majorité de la population mondiale

Pour les grandes villes des pays en développement rapide, la situation est beaucoup plus sévère. Ainsi pour les seules villes d'Asie, l'Organisation mondiale de la santé a évoqué la mort prématurée d'un demi-million de personnes chaque année à cause de la pollution atmosphérique. La Chine qui comprend seize des vingt villes les plus polluées du monde est particulièrement touchée. La publication de tels chiffres a soulevé des contestations, et il convient de les mettre en regard de la grande taille des populations concernées : s'ils ne représentent qu'une petite fraction de tous les décès, cette fraction n'est pas pour autant insignifiante [64].

Le crépitement des bûches dans la cheminée

« Pour la plupart d'entre nous, un feu de bois signifie une soirée tranquille à se détendre, à contempler les mille et une lueurs de la flamme dansante en écoutant avec ravissement le crépitement des bûches dans la cheminée. Mais à quel prix ? Qu'elles proviennent d'un poêle à bois, d'un foyer ou d'un feu de camp, les fumées qui s'en dégagent ne sont pas aussi inoffensives qu'on voudrait bien le croire. » C'est en ces termes que le Gouvernement du Québec fait part d'un de ses soucis croissants, d'autant que le nombre d'installations de chauffage au bois s'accroît [120].

Au Québec, le chauffage résidentiel au bois est une source importante de pollution de l'air. Il est responsable de près de la moitié des émissions de particules fines provenant des activités humaines. On sait maintenant que dans les secteurs résidentiels où le chauffage au bois est très répandu, les concentrations de certains polluants (hydrocarbures aromatiques polycycliques (HAP), dioxines et furanes, métaux et particules fines notamment le soir) sont en hiver jusqu'à deux fois plus élevées que dans les centres-villes.

Un poêle à bois non certifié émet autant de particules fines dans l'atmosphère en neuf heures qu'un poêle certifié en soixante heures ou une automobile de type intermédiaire parcourant 18 000 km en un an. La fumée dégagée par la combustion est présente à l'extérieur comme à l'intérieur des maisons. Les particules émises, de très petite taille, soit moins de 2,5 micromètres, peuvent pénétrer profondément dans les voies respiratoires et nuire à leur fonctionnement. Une étude de la Direction de la santé publique de Montréal-Centre a montré que les personnes qui utilisent un poêle à bois présentent dans leur urine des concentrations plus élevées de contaminants que celles n'ayant pas de poêle à bois.

Les gestes recommandés par le Gouvernement du Québec sont entre autres d'éviter l'utilisation du chauffage au bois comme chauffage principal et limiter le plus possible l'utilisation des foyers, poêles et feux au profit de modes de chauffage moins polluant (électricité, gaz...).

Des exemples pour conclure

Il existe des preuves empiriques des bénéfices sur la santé, à courte échéance, liés à l'amélioration de la qualité de l'air.

La situation quasi expérimentale de la vallée de l'Utah montre que la fermeture durant 1 an – pour conflit social – de l'aciérie locale s'est accompagnée d'une diminution prononcée de la pollution particulaire (PM10) dont la fonderie était la source principale, de la morbidité respiratoire (en particulier pour les bronchites et les épisodes d'asthme chez les enfants) et de la mortalité. La réouverture de l'aciérie s'est accompagnée d'une augmentation des niveaux de pollution et des taux de morbidité et de mortalité qui ont retrouvé des niveaux proches de ceux observés avant la fermeture. La vallée de l'Utah a fait l'objet de nombreuses études mettant en relation les PM10 et leurs constituants avec de multiples effets sur la santé : réduction de la fonction pulmonaire, augmentation de l'incidence des symptômes respiratoires, augmentation de l'absentéisme, augmentation des admissions hospitalières pour cause respiratoire, augmentation de la mortalité, en particulier respiratoire (aiguë et dans une moindre mesure chronique) et cardiovasculaire. Malgré des résultats moins concordants, une association entre pollution et cancer du poumon a également été suggérée dans cette étude, après une durée d'exposition de 15 ans.

À Dublin, où le charbon était source d'énergie pour les activités industrielles et le chauffage, l'effet de l'interdiction des ventes de charbon sur la pollution particulaire et les taux de mortalité a été évalué dans le cadre d'une étude comparative (72 mois avant et 72 mois après). Les résultats montrent que les concentrations en fumée noire ont diminué de 70 % (–35,6 $\mu g/m^3$ en moyenne), les taux de mortalité totale de 6 %, ceux de mortalité respiratoire de 15 % –116 cas par an) et cardiovasculaire de 10 % (–243 cas par an). Le contrôle de la pollution particulaire peut ainsi diminuer de façon substantielle la mortalité journalière.

Des études allemandes conduites suite à la réunification en 1990 apportent une démonstration remarquable de l'impact positif sur la santé publique de l'amélioration de la qualité de l'air. La prévalence des symptômes respiratoires non allergiques et non asthmatiques chez les enfants, avant et après la réunification, a ainsi diminué rapidement du fait de l'amélioration exceptionnelle, sur un très court laps de temps (1 à 3 ans après la réunification), des concentrations ambiantes de particules et de SO_2.

Chapitre 8
Les farines animales

Bien que le consommateur ait souvent l'impression du contraire, la qualité sanitaire des aliments est en constante amélioration. Sur les 518 618 décès qui ont été constatés en 1995 en France, 737, soit 0,14 %, pourraient être liés à la consommation d'aliments toxiques ou contaminés, la plupart (63 %) provenant d'une infection intestinale mal définie [121]. Ce chiffre peut être comparé à celui des accidentés de la route (7 655 morts en 2002, 4 709 en 2006 et 102 125 blessés), ou à ceux résultants d'un mode de vie choisi : 24 000 morts par an liés à l'alcool et sans doute près de 60 000 associés à la consommation de tabac.

Fin 1994, en Grande-Bretagne, une nouvelle variante de la maladie de Creutzfeldt-Jakob est apparue chez l'homme [121]. Au total, 10 cas étaient répertoriés en mars 1996. Cette variante, dont l'issue est toujours fatale, concernait des gens très jeunes (29 ans en moyenne) alors que la maladie connue de Creutzfeldt-Jakob touchait généralement des personnes de 60-65 ans. L'examen du cerveau des patients décédés était caractéristique : aux signes habituels de la maladie de Creutzfeldt-Jakob, s'ajoutaient des particularités nouvelles qui n'avaient pas été observées auparavant.

Cette variante de la maladie de Creutzfeldt-Jakob chez l'homme avait pour origine une contamination issue d'aliments provenant d'animaux atteints d'encéphalite spongiforme bovine (ESB). C'est une maladie dégénérative du système nerveux central qui appartient à la famille des « *encéphalopathies spongiformes subaiguës transmissibles* » (ESST). On utilise le terme « d'encéphalopathie » car il n'y a aucun signe inflammatoire et « spongiforme » car l'observation post mortem du cerveau de la victime montre qu'il est criblé de trou comme une éponge.

L'apparition de l'ESB sur une grande échelle (plus de 180 000 cas ont été officiellement mis en évidence jusqu'en 2001 en Grande-Bretagne) venait de l'utilisation de farines animales contaminées pour nourrir le bétail. Cette pollution par un agent infectieux et la dissémination de celui-ci sont un problème lié à la production de déchets organiques et à leur recyclage. Il nous semble intéressant de le développer dans ce chapitre, car il s'agit d'un risque que personne n'avait anticipé, et dont l'ampleur des conséquences est encore inconnue. C'est aussi un cas de transmission de maladie entre deux espèces différentes (la vache et l'homme) qui doit nous inciter à en tirer les leçons pour l'avenir. Une grande partie des informations citées ci-dessous sont tirées de l'excellent ouvrage de J.P. Delys et A. Picot [121] auquel nous renvoyons le lecteur pour des informations plus complètes.

Apparition de l'ESB

Les premiers cas officiels d'encéphalite spongiforme bovine (ESB), appelée aussi « maladie de la vache folle », sont apparus sur les bovins, en 1986, au Royaume-Uni. À cette époque, personne ne pensait que cette maladie serait transmissible à l'homme. En effet, on connaissait la « tremblante » du mouton depuis longtemps, puisqu'elle fut décrite comme une maladie endémique en Europe dès 1732, sans qu'elle se soit transmise à l'homme. Pourtant, le berger consommait souvent la viande du mouton malade. Une revue vétérinaire avait néanmoins fait état, en 1883, d'un cas de « tremblante » chez un bovin de Haute-Garonne [122].

L'origine de la propagation de l'ESB chez les bovins est liée à l'utilisation de farines de viandes et d'os (farines animales) dans leur alimentation. Ces farines ont un contenu énergétique important qui permet d'obtenir une production de lait par vache bien supérieure à ce qu'elle serait avec une alimentation traditionnelle. Les farines animales ont été utilisées dès 1926 en Angleterre dans l'alimentation des bovins. Elle l'était depuis plus longtemps pour celle des porcs. La politique européenne de soutien au cours du lait et de limitation du nombre d'animaux a favorisé leur utilisation. Des dérives sont apparues comme l'incorporation d'animaux morts ou de boues de stations d'épuration. C'est un changement dans le procédé de fabrication des farines animales, sur lequel nous reviendrons, qui a été à l'origine de l'épizootie[101] d'ESB.

101. Une épizootie est l'équivalent d'une épidémie mais pour les animaux.

Beaucoup de scientifiques pensent que l'agent infectieux de l'encéphalopathie spongiforme subaiguë transmissible serait une protéine dénommée « prion ». Celle-ci peut prendre deux conformations géométriques distinctes : une forme normale PrP^{C} et une anormale PrP^{res}, le qualificatif res, signifiant résistant. C'est cette dernière qui est infectieuse dans l'hypothèse du prion. La protéine anormale PrP^{res} est insoluble dans l'eau contrairement à la protéine normale PrP^{C}. La protéine normale PrP^{C} est présente dans le cerveau des animaux sains, alors que le prion PrP^{res} existe dans celui des animaux atteints d'ESB.

La conformation particulière de la PrP^{res} lui confère une résistance exceptionnelle à la dégradation. Des prions sont encore infectieux après un traitement thermique en chaleur sèche de 24 heures à 160 °C ou d'une heure à 360 °C. Ils sont encore actifs après un passage d'une heure dans l'atmosphère humide d'un autoclave à 121 °C sous 2 bars. Il faut une forte chaleur humide sous pression (133 °C, sous 3 bars pendant 18 minutes) pour l'inactiver. Les prions sont aussi peu sensibles à de fortes doses de rayonnements ionisants ou d'ultraviolets. Ils résistent longtemps à beaucoup de réactifs chimiques qui dégradent habituellement les protéines : formol, alcool éthylique, permanganate de potassium concentré, ozone, etc. Il faut des solutions molaires de soude caustique ou de l'eau de javel à 6 degrés chlorométriques pendant une heure à température ambiante pour inactiver le prion. Il s'agit donc d'un agent infectieux exceptionnellement résistant.

Avant 1970, la fabrication des farines animales se faisait en discontinu, dans un autoclave, en chauffant du broyat d'équarrissage à une température de 141 °C pendant 30 minutes sous 3 bars [123]. Les graisses étaient ensuite séparées des protéines en utilisant l'hexane comme solvant. Pour éliminer celui-ci, on chauffait ensuite les farines à 100 °C. Pour obtenir des farines animales moins chères, le procédé de fabrication a été simplifié. Dès 1970, la cuisson du broyat d'équarrissage s'est faite en continu à 125 °C sous vide partiel pendant 20-25 minutes. Plus tard, pour encore diminuer les coûts et sous la pression de certains écologistes qui se plaignaient de voir utiliser un solvant organique à l'échelle industrielle, un équarrisseur anglais a diminué la température du procédé et n'a pas extrait les graisses. Ceci semble à l'origine de l'épizootie d'ESB.

Suite au développement de l'épizootie, démarrée en 1986, le Royaume-Uni a interdit, en 1988, l'utilisation de farines animales dans l'alimentation de ruminants mais n'a pas interdit leur exportation. Elles ont ainsi été écoulées légalement dans toute l'Europe pendant un an. Ensuite, malgré leur interdiction, les exportations ont continué dans le monde entier soit légalement, en utilisant des failles dans la réglementation européenne, soit illégalement.

En mars 1996, le ministre de la santé britannique annonce les premiers cas humains de cette maladie et sa transmission possible de l'animal à l'homme. Ils étaient apparus dès la fin de 1994.

Autres formes d'ESST

L'ESB appartient à la famille des encéphalopathies spongiformes subaiguës transmissibles (ESST). Ces dernières existent sous d'autres formes qui touchent l'homme ou l'animal. Leur issue est toujours fatale. Il n'existe aucune réaction immunitaire de l'organisme contaminé ce qui rend la maladie difficilement détectable lorsque la victime est encore vivante.

Chez l'homme

La maladie de Creutzfeldt-Jakob est la forme humaine la plus fréquente d'ESST. Sa forme la plus courante (80 % des cas) est sporadique (elle frappe un petit nombre d'individus de manière aléatoire). Elle touche des personnes âgées (vers 60-65 ans) et son issue est fatale en quelques mois. Sa fréquence annuelle est de 1,4 cas par million d'habitants ce qui représente en moyenne, environ 80 cas par an en France.

Il existe des ESST de nature héréditaire qui peuvent toucher plusieurs membres d'une même famille. Il s'agit de la maladie de Creutzfeldt-Jakob héréditaire, du syndrome de Gerstmann-Sträussler-Scheinker et de l'insomnie fatale familiale. Elles représentent environ 10 à 15 % de l'ensemble des ESST humaines. Elles ont pour origine une mutation transmissible à la descendance dans le gène de la PrP.

La maladie de Creutzfeldt-Jakob peut aussi être induite par une contamination accidentelle par du matériel médical utilisé pour certaines interventions[102], lors de greffe de cornée ou de dure mère, à la suite de traitement à partir d'extraits hypophysaires. Ces contaminations représentent moins de 5 % des cas.

Un procédé d'extraction de l'hormone de croissance à partir d'hypophyses humaines prélevées sur des cerveaux de cadavres a été mis au point dans les années 1960. En 1984, trois cas de maladie de Creutzfeldt-Jakob sont apparus aux États-Unis parmi les enfants traités. L'hormone extraite fut alors immédiatement remplacée par une hormone de croissance obtenue par génie génétique. L'Europe ne suivit cette voie qu'avec du retard et des lots contaminés restèrent sur le marché jusqu'en juin 1985,

102. On parle alors de contamination iatrogène.

et la fabrication à partir d'hypophyse se poursuivit jusqu'en 1988. La France a été le pays le plus touché avec plus de la moitié des cas mondiaux. Par exemple, 53 cas ont été observés en France entre janvier 1984 et juillet 1985. Le recours aux hypophyses humaines avait été fait par suite de l'inefficacité des hormones d'origine animales. L'utilisation d'hypophyses prélevées sur des personnes âgées, donc plus susceptibles d'avoir la maladie de Creutzfeldt-Jakob, et l'exceptionnelle résistance du prion, ont entraîné cette dissémination de la maladie. À ce jour, parmi 1 698 enfants français soignés durant la décennie 1980, 110 sont décédés et 3 souffrent de cette maladie rare.

Un autre cas célèbre de contamination interhumaine est la maladie de Kuru observée chez des tribus Papous vivant encore à l'âge de pierre en Papouasie-Nouvelle-Guinée. Elle aura tué plus de 3 000 personnes sur 30 000. Elle touchait principalement les femmes (8 femmes pour 1 homme) et les enfants (un tiers des cas). Son origine pourrait être un cas sporadique de maladie de Creutzfeldt-Jakob qui se serait propagé par des pratiques anthropophages lors de rites funéraires. Les hommes consommaient les muscles pour la force alors que les femmes et les enfants se contentaient du cerveau hautement infectieux, des abats, *etc.* Cette épidémie aurait commencé au début du XXe siècle et serait passée par un maximum vers les années 1950. Ces pratiques ont cessé, non sans mal, depuis 1957.

Chez l'animal

La tremblante du mouton est une maladie endémique qui a été observée dès 1732 en Europe. Elle touche tous les pays du monde sauf l'Australie et la Nouvelle-Zélande. En 1992 au Royaume-Uni, sur une population de 44 millions de moutons, environ 60 000 étaient atteints par la tremblante. Le tiers des 85 000 troupeaux était touché. La tremblante atteint aussi les chèvres. La transmission de la maladie au sein des troupeaux a été démontrée en 1936 par des vétérinaires français. Après une vaccination de 18 000 moutons en 1936 contre une virose, le louping-ill[103], on a constaté, 4 ans plus tard, que 7 % d'entre eux développaient la maladie. Le vaccin avait été préparé à partir de cerveaux de moutons dont une partie était sans doute contaminée par des animaux malades. Les champs dans lesquels des animaux infectés ont séjourné pourraient être contaminés pendant plus de 10 ans. Si l'agent infectieux est dans le

103. La louping-ill est une maladie infectieuse virale du mouton qui se manifeste le plus souvent sous une forme aiguë (incoordination des mouvements (louping ill), puis paralysie, immobilisme, coma et mort).

sol (carcasses d'animaux malades enfouies, protéines d'abats d'animaux contaminés dans les engrais), celui-ci peut rester présent pendant des années.

D'autres ESST animales existent. C'est le cas de l'encéphalopathie spongiforme du vison qui est apparue en 1947 aux États-Unis à la suite d'une contamination alimentaire, ou de la maladie du dépérissement chronique des ruminants sauvages. Cette dernière touche essentiellement le cerf-mulet des montagnes rocheuses, le cerf à queue noire et l'élan mais son origine est inconnue.

L'ESB affecte aussi les chats et les félins en captivité appartenant à diverses espèces. La plupart des cas sont survenus au Royaume-Uni.

Transmission

Un cerveau contaminé est extrêmement infectieux. Ainsi, un gramme de cerveau de souris malade pourrait contaminer et tuer entre un million et un milliard de souris. Il faudrait pour cela injecter dans le cerveau des souris saines une très petite quantité de broyat de cerveau contaminé. Heureusement, une telle pratique n'est pas courante et la transmission se fait par d'autres voies beaucoup moins efficaces. Il est intéressant de donner quelques ordres de grandeur de l'efficacité de transmission de la contamination tels qu'ils ont été obtenus sur des souris [121]. La transmission la plus efficace se fait par contamination directe au niveau du cerveau que nous prendrons comme référence. C'est ce qui peut arriver pour certaines formes d'ESST, lors d'intervention chirurgicales sur le cerveau avec du matériel ayant été utilisé sur un patient déjà contaminé. La voie intraveineuse est 10 fois moins efficace et une injection à travers la paroi abdominale, 400 fois moins. Par voie orale, c'est-à-dire lors de l'absorption de nourriture par exemple, le risque est diminué d'un facteur 100 000 par rapport à la voie intracérébrale. Par contre la voie sous cutanée, ce qui peut arriver lorsque la peau est lésée (écorchure, scarification, lors d'une opération de tatouage ou de piercing…), n'est que 50 fois moins efficace que la voie intracérébrale. Une partie de la contamination de la maladie de Kuru se faisait ainsi via des écorchures lors de la manipulation d'organes contaminés, l'autre par ingestion directe.

Lorsque l'on utilisait des farines contaminées pour nourrir les bovins, le risque le plus important de contamination ne venait pas de la consommation de viande de bœuf mais des préparations utilisant les abats, la cervelle, la moelle épinière… C'était le cas des hamburgers, de certaines saucisses (qui pouvaient contenir 10 % de cervelle), etc. Ainsi, dans le village anglais de Queniborough, 5 cas humains d'ESB se sont déclarés entre août 1996 et janvier 1999. La transmission de la maladie s'est très probablement faite par des tourtes, contenant de la cervelle et de la moelle épinière de bêtes malades, préparées par le boucher local qui pratiquait l'abattage de manière artisanale. La gélatine préparée à partir de bovins présente aussi des risques. Elle était utilisée dans de nombreuses préparations : bonbons, produits de maquillage, gélules de médicaments…

Usage des farines animales

Une partie des déchets issus de l'équarrissage est transformée en farines. La France produit ainsi chaque année de l'ordre de 600 000 tonnes de farines de viande et d'os, soit 10 kg par habitant. Il faut ajouter à cela environ 160 000 tonnes de farines issues des volailles, soit au total l'équivalent de 35 grammes par jour et par personne. La production de farines animales au niveau mondial est de l'ordre de 5 millions de tonnes, dont 2,3 millions pour Europe.

Les farines animales sont une nourriture très riche en protéines et en énergie pour les animaux. Une vache laitière ne pourrait pas produire autant de lait sans cela car le volume d'herbe nécessaire pour avoir la même énergie dépasse de loin la capacité de la panse de l'animal. On peut néanmoins se poser la question de savoir si des rendements aussi élevés sont indispensables en Europe.

En France, environ 70 % de terres agricoles sont utilisées pour la nourriture des animaux, dont 50 % pour produire du fourrage et 20 % pour cultiver céréales, colza, pois. Les herbivores, comme les autres animaux et l'homme, ont besoin de protéines. Ils trouvent une petite partie de celle-ci dans les plantes, l'autre venant des micro-organismes qui se multiplient dans leur panse. Les animaux très productifs, comme les vaches laitières, ont besoin d'un supplément de protéines. Celui-ci peut leur être apporté par les pois ou les sous-produits de la fabrication de l'huile (tourteaux[104] de colza, de tournesol et de soja). Ces compléments peuvent représenter jusqu'au quart des besoins alimentaires pour les vaches laitières et 10 % pour les bovins destinés à produire de la viande. L'utilisation de compléments est variable selon le pays. Les Pays-Bas, par exemple, en utilisent beaucoup plus que la France car ils ont moins de fourrage.

104. Les tourteaux sont les résidus des graines et des fruits oléagineux après extraction de l'huile.

Les compléments nutritionnels riches en protéines peuvent être des protéagineux (tourteaux de soja, tournesol, colza), des farines de poisson ou des farines animales (viandes et os). Comme le prix de l'alimentation représente plus de la moitié de celui de la production d'un animal, l'utilisation de farines animales est très intéressante et permet de plus de recycler les déchets (os, certains abats...). Le prix de ces farines est en effet moins élevé que celui des farines végétales et elles sont très bien assimilées par les bovins.

Depuis 1990, l'utilisation des farines animales est interdite chez les bovins en France et, depuis 1994, pour les autres ruminants. Fin 2000, elles sont interdites pour tous les animaux d'élevage et domestiques. Depuis le 1er janvier 2001, des tests systématiques sont faits sur les bovins âgés de plus de 30 mois. Jusqu'à cette époque, environ 80 % des farines animales étaient utilisées dans la nourriture des volailles, près de 20 % dans celle des porcs et une faible part entrait dans l'alimentation des poissons et d'animaux domestiques. Le problème est d'une part de se débarrasser des farines animales par une autre méthode, d'autre part de savoir par quoi on va les remplacer pour nourrir les animaux.

Le stockage avant élimination présente des risques. En effet, on sait que des terrains sont contaminés par la tremblante du mouton. De même, il a été montré, en 1991, qu'un cerveau de hamster infecté mélangé à de la terre d'un pot de fleur et disposé dans un jardin était encore contaminant trois ans après. Tout stockage et manipulation ne sont donc pas exempts de risques.

Les farines animales peuvent être brûlées. Les cimenteries pourraient en traiter la majeure partie (probablement de l'ordre de 500 000 tonnes par an en France mais seulement 85 000 tonnes ont été traitées en cimenteries en 2001). Les usines d'incinération pourraient brûler quelques dizaines de milliers de tonnes. Au Royaume-Uni, de nombreux animaux ont été brûlés sur des bûchers. Outre le risque de contamination des sols, ce type de procédé a libéré de grandes quantités de dioxines dans l'atmosphère.

Que conclure ?

D'un strict point de vue écologique et économique, on essaye toujours de minimiser les déchets, de recycler ceux-ci au maximum et de diminuer la consommation d'énergie pour le même service. La maladie de la vache folle et sa transmission à l'homme montrent que ces principes d'apparent bon sens peuvent parfois avoir de graves conséquences sur la santé et sur l'environnement.

La diminution de la température du procédé de fabrication des farines animales et la suppression de l'hexane pour extraire les graisses ont permis de diminuer la consommation d'énergie et d'éviter d'utiliser des produits chimiques. Par contre, les conditions du nouveau procédé n'inactivaient plus le prion et celui-ci a pu contaminer, par voie orale, les bovins qui consommaient ces farines.

L'épizootie de la vache folle est un grave problème économique. Au Royaume-Uni, pour lutter contre l'épizootie, 4 millions de bovins de plus de 30 mois ont été abattus depuis le 1er avril 1996, soit le quart du cheptel [124]. Cela représente 15 000 têtes par semaine pendant 5 à 6 ans. Jusqu'en 2002 [124], 183 180 animaux ont été officiellement touchés par l'ESB au Royaume-Uni sur un cheptel de 12,9 millions de têtes. Cela représente près de 1,5 %, ce qui est considérable. L'importance des enjeux économiques explique une partie des dysfonctionnements observés dans certaines informations officielles, dont européennes, faites sur cette épizootie ainsi que les trafics associés aux farines animales. En France, on compte environ 20 millions de bovins, dont 4,2 millions de vaches laitières et autant de vaches allaitantes. Près de 1,4 million de tonnes de gros bovins est abattu chaque année. Le premier cas d'ESB détecté sur les animaux date de 1991. Depuis cette date, jusqu'au 27/11/2008, 998 cas ont été recensés [124]. Il y a eu 7 cas en 2008 mais aucun en 2009.

Le remplacement des farines animales dans l'alimentation des bovins n'est pas sans poser des problèmes. Les farines de poisson sont très chères par suite d'une forte demande asiatique pour l'aquaculture. L'Europe ne produit pas assez de protéagineux et il lui manque déjà 30 % de protéines végétales qu'elle doit importer. Leur prix risque d'augmenter et les pays exportateurs de protéagineux, dont les États-Unis en particulier, utilisent des organismes génétiquement modifiés (OGM)[105], produits qu'une partie de l'opinion publique rejette.

D'octobre 1996 à novembre 2002, 129 cas humains de variante de la maladie de Creutzfeldt-Jakob ont été enregistrés au Royaume-Uni, six en France et un au Canada, en Irlande, en Italie et aux États-Unis d'Amérique [34], [125], [126]. L'inquiétude, au sujet de l'ESB, vient de ce que cette maladie peut incuber pendant de très longues années (pour la maladie de Kuru, par exemple, cette incubation peut dépasser 40 ans). Bien que les mesures prises aient permis de diminuer le nombre de cas sur le bétail, il reste une incertitude sur le nombre de personnes qui ont été contaminées et qui déclareront un jour cette maladie. Si ce nombre est élevé, cela peut poser un vrai problème de santé publique. Par ailleurs, bien que la trem-

105. Les OGM représentent environ 60 % des surfaces cultivées en soja aux États-Unis.

blante du mouton ne soit pas transmissible à l'homme, rien ne permet pour le moment de dire que cette espèce n'a pas été contaminée par l'ESB. Dans ce cas, le risque existerait que l'homme puisse un jour être contaminé par l'intermédiaire des ovins.

Escherichia Coli entérohémorragique

Nous terminerons ce chapitre avec quelques mots sur des intoxications alimentaires qui peuvent être fatales et dont une épidémie s'est produite récemment en Allemagne et a touché d'autres pays européens, dont la France.

Escherichia Coli est une bactérie que l'on trouve en grande quantité dans le tube digestif de l'homme et des animaux. Il en existe plusieurs souches, la plupart inoffensives pour l'homme. Mais certaines sont très toxiques et peuvent conduire à des infections graves voire mortelles. C'est le cas des souches qualifiées d'entérohémorragiques qui sont responsables de plusieurs morts chaque année ainsi que de séquelles graves pour une partie des personnes infectées. La plus fréquente est *Escherichia Coli* 0157:H7. Elles produisent des toxines de type Shiga, semblables à celles libérées par la bactérie *Shigella dysenteria.* La période d'incubation est de 3 à 8 jours et les symptômes les plus fréquents sont des crampes abdominales, des diarrhées pouvant être sanglantes, de la fièvre, des vomissements... La plupart des personnes contaminées guérissent au bout d'une dizaine de jours mais certaines, notamment les jeunes enfants et les personnes âgées ou fragiles, vont présenter des troubles graves et parfois mortels. L'un d'eux, le syndrome hémolytique-urémique qui touche 10 % des personnes atteintes peut conduire à une insuffisance rénale passagère ou chronique, à des complications neurologiques (accident cérébrovasculaire, coma...) et même à la mort dans 3 à 5 % des cas. Il peut subsister des séquelles graves pour certaines personnes. Dans le cas allemand au printemps 2011, les autorités sanitaires ont d'abord suspecté les tomates, les salades et concombres espagnols d'être à l'origine de la contamination, perturbant ainsi fortement la vente de ces denrées. Quelques jours plus tard, les analyses scientifiques ont montré que la bactérie provenait de graines importées d'Égypte, cultivées pour leur germination dans une installation agroalimentaire d'Allemagne du nord.

Les bactéries *Escherichia coli* entérohémoragiques apparaissent par flambées. Les réservoirs de cette bactérie sont les bovins et autres ruminants. Le plus souvent, la contamination humaine se fait lors de la consommation d'aliments contaminés comme de la viande hachée crue ou mal cuite (notamment les hamburgers), le lait cru, le jus de pomme frais, les yaourts, les fromages et laits non pasteurisés... Quelques bactéries à plusieurs centaines sont suffisantes pour infecter une personne. Ainsi des steaks hachés surgelés de bœuf ont pu contaminer les consommateurs alors qu'ils ne contenaient en moyenne que 6 bactéries par gramme de viande. La bactérie est détruite si toutes les parties de l'aliment sont portées à une température supérieure à 70 °C. La transmission de la contamination peut aussi se faire par contact direct avec des animaux infectés ou avec leurs déjections. Des contaminations interhumaines sont également possibles, par exemple lors d'une poignée de main, par l'eau d'une piscine ou d'un lac...

Voici quelques exemples d'intoxications par les *Escherichia coli* entérohémorragiques : 1989 : 243 cas dont 4 morts dans le Missouri (eau contaminée) ; 1993 : 734 cas dont 4 morts à Seattle (bœuf insuffisamment cuit, souche O157:H7) ; 1995 : 23 cas dont 1 mort à Adélaide (Australie) (saucisse fermentée crue) ; 1996 : 9 451 malades et 12 morts au Japon (radis blancs) ; 1996 : 137 malades et 10 morts en Écosse (bœuf contaminé), etc. Il faut donc prendre très au sérieux ce type d'intoxication et les prévenir en ayant des pratiques d'hygiène rigoureuses lors de la préparation d'aliments à l'échelle industrielle [127].

Chapitre 9
Conclusion

Nous espérons que le parcours rapide que nous avons effectué dans le monde des déchets, des effluents et de la pollution aura convaincu le lecteur de sa diversité et sa complexité. Les déchets et les effluents sont inhérents à toute activité humaine. Une mauvaise gestion de ceux-ci conduit à des pollutions qui peuvent avoir des impacts graves sur la santé humaine et l'environnement.

La nature des déchets est un reflet de la société. Les déchets de la ville de New York ne sont pas ceux d'une décharge à Pnom Penh ou d'un village rural. Ceux d'une région d'élevage intensif ne sont pas ceux d'une station balnéaire, d'un quartier administratif ou d'une zone sidérurgique. Dans les sociétés modernes, les déchets ont une grande diversité d'origine, traduisant la multiplicité des échanges entre acteurs. Une partie des déchets ménagers des pays développés ne seraient certainement pas considérés comme tels dans les pays en voie de développement.

La maîtrise des risques bactériologiques des déchets et effluents organiques traditionnels se heurte à l'augmentation des volumes. Dans le même temps, le secteur industriel a accru le nombre de produits chimiques toxiques ou douteux.

Lorsque l'on évalue l'impact sur l'environnement et la santé de la fabrication d'un objet, il faut avoir une approche globale qui prend en compte toute sa chaîne de fabrication depuis sa naissance jusqu'à sa fin de vie. Cette nécessité a été évoquée dans le chapitre introductif à propos de l'hydrogène, combustible propre sur son lieu d'utilisation, mais potentiellement sale à la production s'il provient de combustibles fossiles.

Deux autres exemples sont instructifs. On pourrait penser qu'un vêtement en coton est plus respectueux de l'environnement qu'un vêtement en fibres synthétiques. C'est un produit naturel, biodégradable tandis que les fibres de synthèse sont fabriquées à partir de pétrole par des procédés chimiques. La réalité est tout autre si l'on prend en compte l'intégralité de la filière. La culture du coton a besoin de beaucoup d'énergie pour fabriquer les engrais et les pesticides ; ceux-ci sont largement épandus et dispersés, une irrigation abondante est mise en place, parfois en faisant appel à des ressources en eau rares ; les engins agricoles utilisés consomment des carburants ; les opérations de transformation de la fleur de coton sont enfin très polluantes. Prenons un autre exemple plus proche du consommateur final, le cas de l'utilisation d'un congélateur dans une maison. La réfrigération et la congélation sont un poste important en matière de consommation d'énergie domestique. Néanmoins, conserver les produits congelés que l'on a achetés en une seule fois coûte moins d'énergie qu'effectuer de nombreux voyages en voiture pour s'approvisionner chaque fois que l'on en a besoin.

Une filière de déchets commence par la collecte et le tri pour valoriser ce qui peut l'être et traiter ce qui reste, c'est-à-dire épurer les effluents, transformer en une forme moins dommageable pour l'environnement les déchets ultimes et réduire leur volume. Deux grands modes de gestion se présentent ensuite : la dilution et le confinement.

La dilution est souvent utilisée pour les effluents gazeux, liquides et pour les solides qui vont se dégrader sous l'action des forces naturelles, de l'eau ou du vent. Ils sont ainsi libérés dans l'atmosphère, dans l'eau des rivières ou de la mer, ou dispersés dans les sols. C'est une voie pour gérer les déchets si les concentrations obtenues sont bien inférieures aux seuils qui présenteraient un danger pour l'homme ou pour l'environnement. Cette appréciation n'est pas toujours simple, et la démonstration de l'innocuité du milieu après dilution, qui devrait se faire sur des bases scientifiques, résulte parfois aussi d'expériences malheureuses. Une concentration apparemment faible dans le milieu après rejet n'est pas synonyme d'innocuité comme le montre les exemples ci-après.

Le monde minéral (filons minéralisés) et surtout le monde vivant ont d'importantes facultés de concentration. Entre un organisme vivant et son environnement, des écarts de concentration de un à cent mille sous forme d'accumulation ou d'exclusion sont courants. Le cas du lindane concentré par les moules a été cité (chapitre 6). Un autre exemple est celui de la grave contamination de la chaîne alimentaire qui s'est produite à Minamata au Japon au milieu du siècle dernier. Les rejets à la mer en provenance d'une usine chimique contenaient du mercure ; ils ont été transformés par des microorganismes en un composé toxique, et concentrés par les poissons qui étaient la base de la nourriture de la population. Une centaine de personnes sont mortes et beaucoup ont été gravement intoxiquées et ont gardé de lourdes séquelles[106]. La contamination par le mercure est devenue un problème mondial. Ainsi au Canada, le taux de (méthyl)mercure présent dans de nombreux poissons des mers les plus nordiques est contrôlé et peut conduire à des mises en garde pour leur consommation.

Une accumulation peut aussi résulter simplement du déversement, trop rapide et en trop grandes quantités, des effluents, avant que la (bio) dégradation des polluants n'ait eu le temps de prendre place. L'échelle de temps de cette (bio)dégradation est donc un paramètre essentiel. Certains éléments chimiques sont toxiques sous une forme chimique et inoffensifs sous une autre. Les atomes de polluants peuvent donc exister transitoirement dans le milieu avant de se transformer en une forme chimique sans danger pour l'homme ou l'environnement.

Le confinement est l'autre façon de gérer les déchets. Celui-ci peut être plus ou moins parfait. Un confinement sérieux n'est possible que si le volume des déchets est faible. C'est le cas, par exemple, des déchets radioactifs ou de certains déchets chimiques dangereux. Le stockage des déchets radioactifs représente sans doute ce que l'on fait de mieux dans le domaine. Mais il existe aussi des confinements plus aléatoires. Ainsi les terrils, qui sont des amoncellements à ciel ouvert de stériles et de débris charbonniers, sont lessivés par la pluie et cela peut polluer le sol et les eaux souterraines.

Un déchet n'a plus d'utilité pour son détenteur, sinon il n'en serait pas un. Sa valeur économique est donc nulle pour lui, et même négative s'il doit faire des frais pour s'en débarrasser ou le gérer. Comme dans beaucoup de domaines, il n'y aura donc pas de solution unique au problème de la gestion des déchets mais des compromis où l'économie joue un rôle important. S'il est souvent souhaitable de faire mieux, cela a un coût qui doit être raisonnable pour être accepté par la société. Le compromis est plus facile lorsque la protection de l'environnement représente une faible part du prix de l'objet ou du service rendu. Les difficultés s'accroissent dans le cas contraire, ou si d'autres pays acceptent des pratiques plus laxistes.

106. Le mercure provoque des lésions au cerveau, organe particulièrement sensible au méthylmercure durant son développement. Contrairement à d'autres contaminants qui s'accumulent tout au long de la vie, le méthylmercure est excrété et métabolisé. On trouve du mercure dans des lampes fluorescentes et basse consommation, des relais et commutateurs, des capteurs…, et par suite aussi dans les déchets non triés.

Le pragmatisme s'impose dans la gestion courante des déchets, tout comme la prévision de l'évolution des grands cycles naturels qui sont impactés, d'autant que la science permet de les appréhender de mieux en mieux. C'est la dose qui fait le poison. L'objectif est de définir, sur des bases scientifiques, quels sont les seuils qu'il ne faut pas dépasser pour les différents polluants susceptibles d'être émis. Dans la phase actuelle d'acquisition de connaissances, et en application du principe de précaution, la tentation pourrait être de prendre pour ces seuils la limite de détection que les instruments de mesure sont capables de donner. Les moyens mis dans le respect de quelques seuils excessifs seraient alors concurrents de l'investissement à faire dans des domaines collectivement et socialement plus sensibles. Là aussi une approche globale est indispensable, pour donner dès que possible à tous les habitants et à chacun les meilleures conditions de vie.

Les quantités de déchets formés et les émissions de polluants dépassent-elles les capacités naturelles d'auto-épuration de l'air, de l'eau et du sol ? La réponse est sans doute oui, et ce n'est pas un phénomène nouveau. Il suffit de prendre pour seul exemple celui de la teneur en oxygène de l'atmosphère comparée à ce qu'elle était il y a trois milliards d'années. Cette teneur a été multipliée par un facteur cent à mille sous l'effet de la production photosynthétique. Or cet oxygène, qui aurait pu paraître nocif car capable de dégrader la matière organique, a permis le développement des animaux supérieurs. De même aujourd'hui on constate que la production et l'usage de produits nouveaux permettent le développement des sociétés humaines.

Nos sociétés sont devenues beaucoup plus tributaires des produits chimiques, tout en se rendant compte des dangers qu'ils représentent pour la santé et pour l'environnement. L'industrialisation de la production et de la transformation des aliments, de même que la mondialisation de leur commercialisation et de leur distribution ont pour conséquence qu'un seul ingrédient avarié peut conduire au rappel d'une grande quantité de produits dans une multitude de pays.

De plus l'homme ne vit pas seulement d'eau potable, d'air pur et de nourriture saine. Son environnement n'est pas que naturel. L'homme utilise aussi une habitation chauffée ou climatisée, se déplace, échange, se cultive. Toutes ces activités peuvent générer des déchets et rendent nécessaires l'élargissement de cette notion. Il aurait par exemple fallu parler de la pollution par les virus informatiques, ou des intoxications non seulement alimentaires mais aussi liées à l'information ou à d'autres sollicitations sonores ou visuelles, ou encore de la pollution spatiale issue des débris de satellites [128].

Bon nombre de problèmes d'environnement ont été résolus dans les pays développés, où l'espérance de vie augmente régulièrement. Cela laisse espérer pour tous les pays la possibilité d'une trajectoire vertueuse dans la protection de leur environnement local. Par contre, la pollution par les émissions de gaz effet de serre avec ses conséquences en terme de réchauffement climatique se pose cette fois-ci à une échelle mondiale et non pas locale et n'a pas de solutions identifiée ou acceptée à ce jour. C'est sans doute une des plus difficiles à traiter car elle est presque intrinsèquement attaché à l'économie du progrès sur laquelle sont fondées nos civilisations : l'accroissement de la consommation énergétique a été pour l'homme la manière de démultiplier l'énergie de chaque individu et de chaque civilisation. Changer radicalement notre manière de trouver de l'énergie, en éliminant rapidement toutes les formes qui conduisent à des concentrations croissantes de CO_2 dans l'atmosphère terrestre devient une nécessité.

La question de savoir si le développement est durable est une question ouverte, sans réponse autre qu'une course en avant qui s'inscrit dans une vision dynamique et évolutive de la vie sur terre. Cette dynamique d'optimisme est aussi faite de coûts économiques, de décisions lourdes et de renoncements courageux, qui jalonnent la route passée et sans doute aussi future. Mentionnons simplement ici l'abandon de procédés jugés efficaces (DDT, CFC, voir chapitre 6), le retrait du plomb et du soufre dans les carburants, la collecte sélective des déchets dangereux, les tentatives d'inflexion en cours vers des énergies n'émettant pas de CO_2. C'est aussi à chacun d'adapter ses comportements aux nouveaux enjeux qui ne manqueront pas d'apparaître.

Références

[1] fr.wikipedia.org/wiki/Déchet

[2] Agence internationale de l'énergie www.iea.org

[3] Institut national de la statistique et des études économiques http://www.insee.fr/fr/themes/tableau.asp?reg_id=0&ref_id=NATnon02229

[4] site Web eco-France : http://eco-france.over-blog.com/article-pib-de-la-france-en-2010-1-5-67499550-comments.html

[5] G. Maloteaux, Centre européen du Travail, Cahiers pour demain – N° 48

[6] P. Rousseaux et T. Apostol, *Valeur environnementale de l'énergie*, Presses Polytechniques et Universitaires Romandes, 2000

[7] C.Ngô, *L'énergie, ressources, technologies et environnement*, Dunod, 2002 et 2008

[8] *Environnement, énergie, santé*, Brochure de la Société française d'énergie nucléaire, groupe Languedoc Roussillon, juin 1997

[9] A. Gabbard, Oak Ridge National Laboratory, http://www.ornl.gov/ORNLReview/rev26-34/text/colmain.html

[10] *L'Andra dans la Manche*, Andra, décembre 2009

[11] DGEMP, Observatoire de l'énergie, http://www.developpement-durable.gouv.fr/-Energies-et-Climat-

[12] Ministère de l'environnement

[13] http://fr.wikipedia.org/wiki/Biomasse_(%C3%A9nergie)

[14] *Le chauffage domestique au bois, approvisionnements et marchés*, Ademe, janvier 2001

[15] *Le chauffage au bois*, Guide pratique de l'Ademe, mai 2002

[16] *Impact sanitaire de la pollution atmosphérique urbaine,* rapport 2 annexes, AFSSE, mars 2004

[17] http://www.ifr.fr/spip/spip.php?.rubrique11

[18] D. Ballerini, *Les biocarburants*, IFP publications, Technip, 2006

[19] T. Salomon et S.Bedel, *La maison des négawatts*, Terre Vivante, 2001

[20] *Le Centre de stockage des déchets radioactifs de faible et moyenne activité,* Andra, septembre 2010

[21] *Centre de stockage des déchets de faible et moyenne activité de l'Aube, rapport annuel 2009*, Andra

[22] *Codex general standard for contaminants and toxins in food and feed, 193-1995*, révision 2010, Organisation mondiale de la santé

[23] *La radioactivité naturelle en dix épisodes*, Société française de radioprotection, mars 1998.

[24] *Le Centre de stockage pour les déchets radioactifs de très faible activité,* Andra, collection Les Essentielles, février 2009

[25] Techniques de l'ingénieur, série génie nucléaire

[26] Revue générale nucléaire, année 2003, n°1

[27] *Sûreté des centrales et des déchets nucléaires, éléments de débat*, Conseil supérieur de la sûreté et de l'information nucléaire, La documentation française, 4e trimestre 2002

[28] Rémy Carle et al., *les déchets radioactifs : un problème résolu ?*, revue RGN, janvier-février 2003

[29] Gérard Miquel, *La qualité de l'eau et de l'assainissement en France*, rapport de l'OPECST, Assemblée n°705, Sénat n°215, 2003

[30] Scaff P. et al., *Population exposure to ionising radiation from medical examinations in France*, British Jouranl of Radiology, 03/2008, 81, 963, 204-213

[31] *Les rayonnements, l'ADN et la cellule*, clefs CEA, n°43, printemps 2000

[32] *Tchernobyl*, 25 ans après, IRSN 2011

[33] http://www.unscear.org/unscear/en/chernobyl.html

[34] Rapport sur la santé dans le monde 2007 « un avenir plus sûr » La sécurité sanitaire mondiale au XXIe siècle, Organisation mondiale de la santé 2007

[35] *The human consequences of the Chernobyl nuclear accident, a strategy for recovery*, Report commissioned by UNDP and UNICEF, 25 January 2002

[36] *Tchernobyl, 17 ans après*, IRSN, avril 2003

[37] *Le dossier du nucléaire*, Revue La jaune et la rouge, novembre 2001

[38] *The Canadian Medical Association Journal*, n° 177 du 20 novembre 2007

[39] The Chernobyl Catastrophe, Consequences on Human Health, Greenpeace 2006

[40] J.M. Jancovici, *L'avenir climatique, quel temps ferons-nous ?* Éditions du Seuil (2002)

[41] H. Le Treut et J.M. Jancovici, *L'effet de serre*, Dominos, Flammarion (2001)

[42] R. Sadourny, *Le climat est-il devenu fou ?* Éditions Le Pommier, 2002.

[43] www.ipcc.ch

[44] Mission interministérielle de l'effet de serre, http://www.effet-de-serre.gouv.fr/. La mission interministérielle a été dissoute en 2002. Ses missions sont assurées par le Comité Interministériel pour le Développement Durable (CIDD créé en 2003). La mission a été absorbée par la Direction générale de l'énergie et du climat au sein du ministère de l'environnement.

[45] Mémento sur l'énergie - édition 2010, CEA

[46] www.cybersciences.com

[47] *L'évolution des émissions des véhicules*, Conférence européenne des ministres des transports, 2000

[48] Comité des Constructeurs Français d'Automobiles (http://www.ccfa.fr)

[49] *Pollution atmosphérique due aux transports et santé publique*, Académie des Sciences CADAS, Rapport commun n°12, 1999

[50] Ministère de l'équipement, des transports et du logement, Direction du transport maritime, des ports et du littoral, 2002

[51] Commission européenne, observatoire de la navigation intérieure

[52] Directives et facteurs agrégés d'émissions des véhicules routiers en france de 1970 à 2029. Charlotte Hugrel et Robert Joumard - INRETS. Rapport n° 0611, juin 2006

[53] A. Douaud et C.Giraud, WEC

[54] S. Tissot, *Toxicité des particules émises par la circulation automobile*, Rapport INERIS 1999

[55] D. Griffin et al., *La mondialisation des poussières*, Pour la science n°309, juillet 2003

[56] *Aviation and the global atmosphere*, rapport du GIEC, http://www.ipcc.ch.

[57] *Aviation and the environment*, rapport GAO (United States general accounting office), 2000

[58] IEA Statistics – CO_2 emissions from fuel combustion – high lights – éditions 2011

[59] J.C. Lacaze, *La pollution des mers*, Dominos, Flammarion, 1996

[60] *L'environnement en France, édition 2002*, Institut français de l'environnement, Ifen la découverte, mai 2002

[61] ITOPF (International tanker owners pollution federation limited), http://www.itopf.com/

[62] A. Muzet, *Le bruit*, Dominos, Flammarion, 1999

[63] *Abrégé statistique de l'environnement* Ifen, édition 2000-2001.

[64] http://www.ademe.fr/particuliers/Fiches/3688/AirInfo01.html

[65] http://www.statistiques.developpement-durable.gouv.fr/theme/environnement/1097.html

[66] *Plan régional pour la qualité de l'air*, Provence Alpes Côte d'azur, 1999/2000

[67] Airparif, revue actualité, n° 7 juin 1999

[68] Paolo Boffetta et al., *"Environment" in cancer causation and etiological fraction: limitations and ambiguities*, Carcinogenesis, vol.28 n°5 pp.913-915, 2007

[69] K. Kubica et al., *Small combustion installations : Techniques, emissions and measures for emission reduction*, 2007, JRC Scientific and Technical Reports

[70] *Impact sanitaire de la pollution atmosphérique urbaine*, rapport 1 AFSSE mai 2004. Voir aussi : http://www.afsset.fr/index.php?pageid=1013&parentid=424

[71] *Bilan de la qualité de l'air en France en 2009 et des principales tendances observées au cours de la période 2000 – 2009*, Direction générale de l'énergie et du climat, Ministère de l'Écologie, de l'Énergie, du Développement durable et de la Mer

[72] *Registre français des émissions polluantes*, http://www.irep.ecologie.gouv.fr/IREP/index.php

[73] Künzli N., Kaiser R., Medina S., Studnicka M., Chanel O., Filliger P., Herry M., Horak F., Puybonnieux-Texier V., Quénel P., Schneider J., Seethaler R., Vergnaud J.C. and Sommer H, *Public-health impact of outdoor and traffic-related air pollution : a European assessment*, 2000, The Lancet 356: 795-801

[74] OMS Europe, mediacentre, avril 2005

[75] Claus Bliefert, Robert Perraud, *Chimie de l'environnement, air, eau, sols, déchets*, de boeck, 2001

[76] M. Legrand , H. Puxbaum, *Summary of the Carbosol Project, present and retrospective state of Organic versus inorganic aerosol over Europe*, The Journal of Geophysical Research, 112 (D23), doi: 1029/2006JD008271, 2007

[77] Ministère du développement durable, de l'environnement et des parcs, Québec

[78] Luc Mosqueron, Vincent Nedellec, *Inventaire des données françaises sur la qualité de l'air à l'intérieur des bâtiments : actualisation des données sur la période 2001-2004*, octobre 2004, Observatoire de la qualité de l'air intérieur, www.air.interieur.org

[79] CSTB, lettre d'information n° 62, mai 2003

[80] Sommes-nous tous exposés au radon ?, Repères n°8, janvier 2011 (magazine d'information de l'Institut de radioprotection et de sûreté nucléaire)

[81] *Le radon : évaluation et gestion du risque*, revue Contrôle de l'Autorité de sûreté nucléaire n°153, juin 2003

[82] Organisation mondiale de la santé, www.who.int/mediacentre/factssheet

[83] A.C. Pesatori et al., *Short and Long term morbidity and mortality in the Population Exposed to Dioxin after the "Seveso Accident", Industrial Health*, vol 41, N° 3(2003), pp. 127-138

[84] http://www.cite-sciences.fr

[85] http://www.sante.gouv.fr

[86] *Monitoring of pesticides residues in products of plant origin in the European Union, Norway, Iceland and Liechtenstein, 2005*, 17 October 2007, Commission of the European Communities, http://ec.europa.eu/food/fvo/specialreports/pesticide_residues/report_2005_en.pdf

[87] Mortalités, effondrements et affaiblissements des colonies d'abeilles, Afssa, novembre 2008 – actualisé avril 2009

[88] Contribution à l'interprétation des causes de mortalité d'animaux observée en juillet-août 2011 dans l'estuaire du Gouessant, dans la Baie de Morieux, rapport d'étude N° - DRC-11-109441-09134B du 29 août 2011, Ineris

[89] www.observatoire-eau-bretagne.fr/pollutions-et-menaces

[90] http://www.finances.gouv.fr/fonds_documentaire/dgccrf/04_dossiers/consommation/controles_alimentaires/actions/poissons0402.htm

[91] *Plan d'échantillonnage national des PCB dans les poissons de rivière*, février 2008, Agence française de sécurité sanitaire des aliments

[92] BRGM www.bfgm.fr.

[93] *Cancer : approche méthodologique du lien avec l'environnement*, INVS 2005, La documentation française

[94] François Clin, *Déchets et développement « ordurable »*, Revue Découverte n° 300, été 2002

[95] *Les déchets en chiffre*, édition 2007, Ademe

[96] http://www.cewep.com/home/news/index.html et http://www.incineration.org et http://www.developpement-durable.gouv.fr/spip.php?page=article&id_article=12793

[97] Rapport 2007 de l'Organisation mondiale de la santé

[98] Baldwin 1996, cité par André Cicolella de l'Inéris dans la Jaune et la rouge de juin 1999

[99] *La pollution atmosphérique par les particules en suspension : ses effets nuisibles sur la santé*, aide –mémoire EURO/04/05, Berlin, Copenhague, Rome, 14 avril 2005, Organisation mondiale de la santé.

[100] Pascal Fabre et al., *Étude d'incidence des cancers à proximité des usines d'incinération d'ordures ménagères, résultats définitifs*, mars 2008, Institut national de veille sanitaire INVS

[101] Mme Christine Blandin, *Rapport sur les risques et dangers pour la santé humaine de substances chimiques d'usage courant : éthers de glycol et polluants de l'air intérieur. Evaluation de l'expertise publique et des choix opérés*. Tome 1, Conclusions du rapporteur, OPECST 2008

[102] Hemon D, Jougla E., *Surmortalité liée à la canicule d'août 2003. Suivi de la mortalité et causes médicales de décès*. Rapport remis au ministre de la Santé et de la Protection sociale le 26 octobre 2004, 76 p.

[103] Voir le site de l'Institut de veille sanitaire : http://www.invs. sante.fr/beh/default.htm, ou http://www.invs.sante.fr/display/?doc= surveillance/psas9/question_reponses.html

[104] www.sante-environnement-travail.fr et www.anses.fr

[105] OMS, rapport 2002 : http://www.who.int/whr/2002/en/chapter2fr.pdf

[105] Boffetta P., *Human cancer from environmental pollutants : the epidemiological evidence*, Mutation Research/Genetic Toxicology and environmental Mutagenesis, Volume 608, Issue 2, 28 septembre 2006, pages 157-162

[106] Lesley Rushton, *How much does the environment contribute to cancer?*, Occup. Environ. Med. 2003;60;150-156

[107] *Effets cardiovasculaires de la pollution atmosphérique : mécanismes physiopathologiques*, Extrapol n°32, septembre 2007

[108] http://www.invs.sante.fr/display/?doc=surveillance/psas9/

[109] Site de l'Organisation mondiale de la santé (OMS), http://www.who.int/topics/chronic_diseases/fr/index.html

[110] *Impact de la pollution atmosphérique urbaine*, Rapport 2 AFSSE, mai 2004

[111] *Pollutions atmosphériques et personnes âgées : spécificités* Extrapol n° 26 octobre 2005

[112] *Estimation de l'incidence et de la mortalité par cancer en France de 1980 à 2005*, INVS février 2008

[113] Centre d'épidémiologie sur les cause médicales de décès Cépidc-Inserm : http://www.cepidc.vesinet.inserm.fr/

[114] *La mortalité prématurée*, 2000, FNORS

[115] Observatoire français des drogues et des toxicomanies http://www.ofdt.fr/

[116] Bulletin épidémiologique hebdomadaire de l'INVS du 23 octobre 2007, n° 41-42, consultable sur le site : http://www.invs.sante. fr/beh/2007/41_42/beh_41_42_2007.pdf

[117] Le drame de l'amiante en France : comprendre, mieux réparer, en tirer des leçons pour l'avenir, rapport n°37 Sénat, octobre 2005

[118] Fédération française de cardiologie, communiqué de presse du 18 février 2008

[119] *Environnements et milieux : Pollution atmosphérique urbaine*, AFSSET, juin 2006

[120] http://www.mddep.gouv.qc.ca/air/chauf-bois/

[121] Deslys J.P et Picot A, *La vache folle, les risques pour l'homme*, Dominos, Flammarion, 2001

[122] Deriot G. et Bizet J., *Farines : l'alimentation animale au cœur de la sécurité alimentaire*, les rapports du Sénat, Tome I n°321 (2000-2001)

[123] G. Mouthon, Experts n°55, juin 2002

[124] P. Lavie, Docteur vétérinaire, http://vetolavie.perso.infonie.fr/bse.htm.

[125] http://www.who.int/mediacentre/factsheets/fs113/fr/

[126] http://www.invs.sante.fr/publications/mcj/donnees_mcj.html

[127] http://knol.google.com/k/les-intoxications-dues-aux-escherichia-coli-ent%C3%A9roh%C3%A9morragiques-ehec#

[128] Alby F., Arnould J., Debus A., *La pollution spatiale sous surveillance*, Ellipses 2007

Index

DUNOD

Pour l'éditeur, le principe est d'utiliser des papiers composés de fibres naturelles, renouvelables, recyclables et fabriquées à partir de bois issus de forêts qui adoptent un système d'aménagement durable. En outre, l'éditeur attend de ses fournisseurs de papier qu'ils s'inscrivent dans une démarche de certification environnementale reconnue.

057409 - (I) - (1,2) - OSB 90° - STY - GCO

Achevé d'imprimer sur les presses de
Snel
Z.I. des Hauts-Sarts - Zone 3
Rue Fond des Fourches 21 – B-4041 Vottem (Herstal)
Tél +32(0)4 344 65 60 - Fax +32(0)4 286 99 61
Décembre 2011 – 54116

Dépôt légal : janvier 2012

Imprimé en Belgique